2020
农业资源环境保护与农村能源发展报告

农业农村部农业生态与资源保护总站　编

U0256405

中国农业出版社

北　京

编委会

主　　编：王久臣

副 主 编：李　波　高尚宾　吴晓春　李少华　闫　成

陈彦宾　李　想

编写人员（以姓氏笔画为序）：

万小春　习　斌　王　飞　王　海　王全辉

尹建锋　朱平国　许丹丹　孙仁华　孙玉芳

孙建鸿　李冰峰　李垚奎　李惠斌　李景明

宋成军　张宏斌　陈宝雄　郑顺安　赵　欣

倪润祥　徐文勇　徐志宇　黄宏坤　董保成

薛颖昊

执行编辑：朱平国　孙建鸿　许丹丹　刘国全　代碌碌

前言

2019年，习近平总书记在世界园艺博览会开幕式上发表题为《共谋绿色生活，共建美丽家园》的重要讲话，强调要像保护自己的眼睛一样保护生态环境，像对待生命一样对待生态环境，倡导环保意识、生态意识，追求科学治理，携手合作应对，同筑生态文明之基，同走绿色发展之路。《中华人民共和国土壤污染防治法》正式施行，对农业投入品的生产、销售、使用，土壤污染风险管控与修复，农用地划分及分类管理，土壤污染状况调查和监测等作出了法律上的明确规定。中共中央办公厅、国务院办公厅转发中央农办、农业农村部、国家发展和改革委员会《关于深入学习浙江"千村示范、万村整治"工程经验扎实推进农村人居环境整治工作的报告》，梳理总结了浙江省15年来推动"千万工程"7个方面的经验，要求各地结合实际，认真贯彻落实。这些精神和要求为进一步加强农业资源环境保护和农村能源建设、推动乡村振兴战略实施、促进农业绿色发展提供了基本遵循，指明了发展方向。

农业农村部认真贯彻落实中央有关决策部署，印发了《关于全面做好秸秆综合利用工作的通知》《关于切实做好农药包装废弃物回收工作的通知》《农业绿色发展先行先试支撑体系建设管理办法（试行）》等文件；联合有关部门印发了《关于做好2019年绿色循环优质高效特色农业促进项目实施工作的通知》《关于加快推进农用地膜污染防治的意见》《关于推进大水面生态渔业发展的指导意见》等文件；组织召开了全国农村生活垃圾治理工作推进现场会、农村人居环境整治高峰论坛等，努力推动农业资源环境保护与农村能源建设各项工作落地见效。

各级农业资源环境保护和农村能源管理与推广服务机构立足自身职能，发挥专业优势，进一步聚焦重点领域和关键环节，积极推进耕地土壤污染防治、秸秆综合利用、农膜回收行动、农业野生植物保护、外来入侵物种防控、第二次农业污染源普查、生态循环农业发展、农村能源建设和农村人居环境整治等工作，在推动农业绿色发展、实施乡村振兴战略中发挥了不可替代的重要作用。

为积极宣传农业资源环境保护和农村能源建设一年来取得的工作成效，总结交流各地的典型做法和经验，农业农村部农业生态与资源保护总站组织编写了《2020农业资源环境保护与农村能源发展报告》。本书系统回顾了2019年农业资源环境保护和农村能源建设领域取得的主要成绩，集中展示了"十三五"期间行业发展的主要成果，收集汇总了相关领域出台的重要政策文件，梳理了重要的会议活动，整理了有关统计数据资料等。在《报告》的编写过程中，我们得到了农业农村部科技教育司的大力支持，各地农业资源环境保护和农村能源管理与推广机构为《报告》的编写提供了大量数据、案例和研究成果，在此一并表示感谢。

由于各种原因，农村能源行业体系机构和人员数据以及渔业资源环境、耕地保护等领域的工作情况和数据资料没有纳入本《报告》，敬请知悉。

编　者

2020年11月

目录 CONTENTS

特别关注

"十三五"期间，全国农业资源环境保护和农村能源体系在各级农业农村主管部门的坚强领导下，紧紧围绕农业绿色发展、乡村振兴战略、农业农村污染防治和生态环境保护等中心工作，开拓进取、勇于担当，锐意创新、砥砺奋进；努力推动农业资源环境保护、农村能源生态建设，并取得明显成效；展示了全体系政治强、本领高、作风硬、敢担当，以及特别能吃苦、特别能战斗、特别能奉献的精神风貌。

一、农作物秸秆综合利用

坚持以绿色发展理念引领秸秆综合利用工作，坚持"因地制宜、农用优先、就地就近、政府引导、市场运作"的原则，以秸秆综合利用行动为引领，以提升秸秆农用水平、收储运专业化水平、市场化利用水平、技术标准化水平为目标，通过抓关键环节、抓典型引领、抓措施落地，取得了显著成效。

秸秆综合利用试点

2019年，全国秸秆产生量8.65亿吨，可收集量7.31亿吨，利用量6.34亿吨，综合利用率达到86.72%。其中，秸秆直接还田利用比例为56.3%，离田肥料化、饲料化、燃料化、基料化、原料化利用比例分别为5.7%、14.1%、8.9%、0.7%和1.0%。

从2016年至2018年，选择部分省区实施农作物秸秆综合利用试点，形成了一批成熟的技术模式，积累了一批成功的经验做法，建成了一批可看、可学、可推广的典型样板。自2019年开始，推动秸秆综合利用工作全面铺开，中央财政累计安排资金86.5亿元，建设了684个整县推进的重点县。

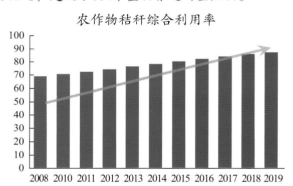

农作物秸秆综合利用率

秸秆利用区域性补偿制度

按照"增加总量、优化存量、提高效能"的原则，探索了耕地地力保护补贴与秸秆利用挂钩机制，为推动以绿色生态为导向的农业补贴制度改革找到了切入点和突破口。

2019年，在黑龙江2个县开展了试点；2020年，向1省6县推开（黑龙江全省，内蒙古莫力达瓦旗、吉林梨树县、辽宁建平县、山西太谷县、广西宾阳县、湖南湘潭县）。

秸秆资源台账制度

制定了科学规范的调查监测方法，搭建起国家、省、市、县4级秸秆资源台账，摸清了资源底数，夯实了管理基础，为各级政府制定相关政策和规划、科学分配资金和开展生态文明考核等提供了有力的数据支撑。

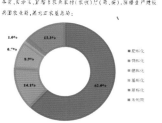

2020年农业农村部十大引领性技术
—— "秸秆炭基肥利用增效技术"

技术融合了"炭化联产、专肥专用、健康栽培"等增效要点，兼顾作物高产优质栽培和耕地土壤质量提升双导向，为进一步强化秸秆资源在农业生产领域的循环利用提供了可行方案。

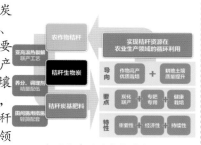

19年国内建设的生物质炭化工程约90处，年产量约34万吨

秸秆技术模式总结推广

遴选编制了秸秆"五料化"利用19项技术，印发《区域秸秆全量处理利用技术导则》；组织编制了《秸秆综合利用技术手册》；组织编制《秸秆农用十大模式》，以办公厅文推介发布；编制《县域秸秆综合利用模式》，促进成熟适用模式进村、入户、到主体、到田地。

二、外来入侵物种防控

围绕外来入侵物种防控，推进法律法规制度建设，强化监测预警工作，加强外来物种综合防控技术应用示范和科普宣传，举办系列灭除活动，确保国家生态与粮食安全。

管理制度建设

积极落实《生物安全法》颁布后外来物种管理相关工作，预研条例办法、名录清单、技术规范，完善外来物种管理制度。

监测预警

开展外来物种调查、网络舆情监测和水生外来植物遥感监测，初步确认我国外来入侵物种662种，其中52种被农业农村部纳入《国家重点管理外来物种名录（第一批）》。《名录》管理物种已入侵全国1 548个县、3.7亿亩农田。

宣传培训

先后出版著作与读物《入侵生物学（教材）》《生物入侵：中国外来入侵植物图鉴》等50余部/套；并利用生态总站微信公众号、外来生物预防与控制中心、中国外来入侵物种数据库、入侵植物图像识别APP系统等平台普及防控知识；累计在全国举办各类防控技术相关培训班800多次，培训各类人员30万人次，发放材料500多万份，显著提升了基层科技人员的业务能力。

防控灭除

农业农村部针对豚草、福寿螺、水花生、水葫芦、薇甘菊等15种危害农业生产和生态环境较为严重的外来入侵物种，先后组织开展了14次全国性外来入侵生物灭除活动；指导各级农业农村行政部门在全国27个省（自治区、直辖市）600多个县（市、区）组织开展各类灭除活动2 000多次，灭除面积3 000多万亩*。

---

*亩为非法定计量单位，1亩≈667平方米

三、农业野生植物保护

围绕农业生物资源保护工作，不断健全管理制度建设，开展资源调查与抢救性搜集，建设农业野生植物原生境保护（区）点，推进农业野生植物资源驯化繁育利用。

管理制度建设

1996年，与原国家林业局共同推动发布《野生植物保护条例》；1999年，发布《国家重点保护野生植物名录（第一批）》；2002年，出台《农业野生植物保护办法》；2019年，机构改革后，积极落实相关法律和名录修订工作。

资源调查与抢救性搜集

对列入《国家重点保护野生植物名录（农业部分）》对野生稻、野生大豆、小麦野生近缘植物、野生果树、野生茶树、野生苎麻、野生柑橘等60个物种开展抢救性搜集，获取种质资源44 737份，筛选优异性状的资源4 558份。指导湖南、湖北、河北等多个地区建立农业野生植物信息化自动监测系统。

原生境保护

截至2020年，中央投资3.82亿元建设214个原生境保护（区）点，保护面积36.29万亩，涉及28个省（自治区、直辖市）200个县级行政区。

序号	省份	农业野生植物原生境保护区（点）数量
1	安徽	13
2	福建	3
3	甘肃	3
4	广东	1
5	广西	7
6	贵州	5
7	海南	8
8	河北	17
9	河南	16
10	黑龙江	9
11	湖北	28
12	湖南	31
13	吉林	5
14	江苏	8
15	江西	3
16	辽宁	4
17	内蒙古	4
18	宁夏	5
19	青海	1
20	山东	5
21	山西	4
22	陕西	4
23	四川	4
24	天津	2
25	新疆	7
26	云南	13
27	浙江	2
28	重庆	6
合计		214

驯化利用

　　指导河北、四川、湖北、湖南等地开展野生枸杞、野生猕猴桃、野莲等野生植物的驯化利用繁育，助力脱贫攻坚。

四、农用地膜污染防治

　　组织实施农膜回收行动，着力推进标准地膜使用与回收体系建设、技术示范推广等，实现全国地膜覆盖面积和使用量零增长，农膜回收率达到80%，重点地区"白色污染"得到有效防控。

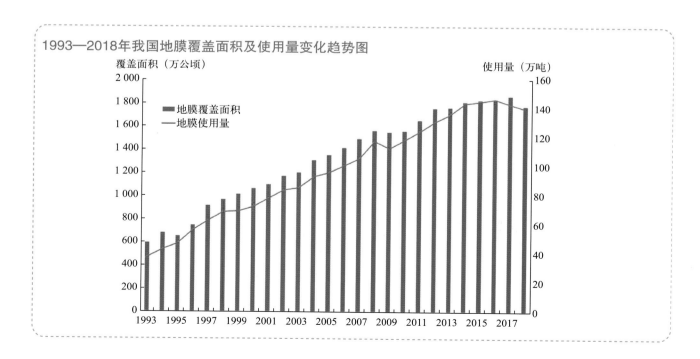

1993—2018年我国地膜覆盖面积及使用量变化趋势图

地膜污染防治制度体系构建

推动出台《农用薄膜管理办法》，建立全链条监管体系。推动印发《农膜回收行动方案》《关于加快推进农用地膜污染防治的意见》，推动颁布《聚乙烯吹塑农用地面覆盖薄膜》《全生物降解农用地面覆盖薄膜》等国家标准，基本构建了地膜污染防治的制度体系。

地膜污染防治机制创新

开展农膜回收区域补偿制度试点，指导西北6个县开展试点工作，探索补贴资金与回收效果相挂钩。探索地膜生产者责任延伸机制，推动回收责任由使用者向生产者转变。

农膜回收区域补偿制度试点现场调研

农膜回收行动持续推进

以西北地区为重点建设了100个农膜回收行动示范县，扶持建设回收加工企业400余家、回收网点3 000余个，初步建立政府引导、市场主体的回收加工体系，探索推广可复制、易推广的回收利用模式。

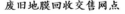

废旧地膜回收交售网点　　废旧地膜回收加工利用厂

地膜减量替代技术试验示范

实施全生物降解地膜替代技术应用评价与示范推广，摸清了主要区域应用的差异性特征，形成了主要作物应用技术规程，已纳入农业农村部十大引领性技术。开展地膜覆盖技术适宜性评价，强化地膜使用控制。

全生物降解地膜替代技术对比试验

地膜污染监测、考核和监管

布设500个地膜残留国控监测点，组织开展基于卫星影像的遥感监测，初步建立了地膜监测网络。将农膜回收纳入省级农业农村部门污染防治工作延伸绩效考核，构建考核结果与资金安排挂钩机制。将农膜列入全国农资打假专项治理行动重点，重拳打击非标农膜生产、销售和使用。

现场督导检查农膜回收网点运行情况

五、农业面源污染综合治理

推进重点流域农业面源污染综合治理，探索推广农业面源污染治理典型模式。加强农田面源污染监测网络建设，在全国布设241个农田氮磷流失国控监测点，覆盖64种种植模式，同步调查2万个典型地块，开展长期例行监测，实现农田面源污染监测网络化、常态化、制度化。

农业面源污染综合治理示范

2016—2018年，在洞庭湖、鄱阳湖、三峡库区等10个重点水源保护区和环境敏感流域65个县，开展农业面源污染综合治理。

2019年，聚焦在长江经济带中西部8个省（市）53个县，实施长江经济带农业面源污染治理，以畜禽粪污治理为重点，整县推进、综合治理。

农业面源污染治理模式推广

探索提炼了一批典型治理模式，形成了湖南赫山"减源循环控污"、云南大理"种养旅结合"分区防控、江苏太仓平原水网区"减-拦-净"综合管控等一批可复制、可推广的典型模式，为各地开展农业面源污染治理提供了解决方案。"南方水网区农田氮磷流失治理技术模式"入选全国2018年度十大重大引领性技术。

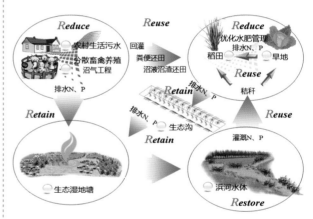

农业面源污染治理成效显著

2017年，国务院启动了第二次全国污染源普查；农业农村部牵头组织实施全国农业污染源普查，开展种植业、畜禽养殖业、水产养殖业产排污调查监测。2020年6月，生态环境部、国家统计局、农业农村部共同发布《第二次全国污染源普查公报》。普查结果显示，与10年前相比，农业领域污染排放量明显下降，化学需氧量、总氮、总磷排放分别下降了19%、48%、25%，农业生产实现了"增产又减污"。

《第二次全国污染源普查公报》新闻发布会

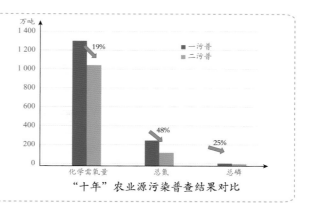

"十年"农业源污染普查结果对比

六、农业生态环境监测"一张网"

　　构建农产品产地土壤环境、农田氮磷流失、农田地膜残留、现代生态农业基地等近 10 个监测网络和平台，组织开展例行监测和调查研究，获取了一批重要的监测数据，逐步形成了常态化、制度化的工作机制。

| 产地土壤 | 氮磷流失 | 地膜残留 | 秸秆资源 | 外来入侵 |

农产品类型	水稻	小麦	玉米	根茎类	叶菜类	茄果类	豆类（不包含大豆）	大豆	油料	糖类	茶叶	水果	其他	合计
点位数	11 624	5 445	13 182	1 509	1 787	612	299	1 212	1 052	39	286	1 235	2 775	41 057

总体设计　组织实施　技术指导　成果集成

整合要素　构建系统　实时传输　动态调度

七、耕地土壤污染防治

围绕《土壤污染防治行动计划》中的任务落实防治行动，完善配套政策法规，组织开展土壤环境质量类别划分、污染管控、安全利用，强化土壤污染防治技术攻关和集成推广，加强农产品产地土壤环境监测。

完善配套政策法规体系

加强法规、政策、标准体系建设，推进耕地土壤污染防治有章可循、有规可依。

耕地土壤环境质量类别划分

根据污染程度，将耕地划分为优先保护类、安全利用类和严格管控类。北京、湖南、广东等24个省份完成划分工作，建立了耕地分类清单。

轻中度污染耕地安全利用

指导各地实施品种替代、水肥调控、土壤调理等以农艺调控为主的技术措施，降低农产品超标风险。全国各省已落实安全利用措施面积达到4 473万亩，占总任务量的101%（部分省份超额完成）。

重度污染耕地严格管控

指导各地实施种植结构调整或退耕还林还草。全国各省已落实严格管控措施面积达到719万亩，占总任务量的91%。

退耕还林还草：

种植结构调整：
①稻改桑　③稻改花卉苗木
②稻改棉麻　④稻改设施西瓜
⑤稻改高粱玉米

八、农村可再生能源开发利用

围绕农村能源革命、农村人居环境整治、大气污染防治和农业绿色发展等重点工作，大力推进农村绿色清洁能源供应、畜禽粪污和秸秆等农业农村有机废弃物资源化利用、北方地区农村清洁取暖等工作，积极参与乡村振兴战略实施工作。

农村沼气转型升级

积极推动农村沼气由户用沼气向规模化大型沼气和生物天然气转型发展，在全国建设大型沼气工程1 423处、生物天然气试点工程64处，探索出沼气发电、沼气集中供气、分布式门站、撬装运输供气和车用燃气等机制模式，为农村地区提供了绿色清洁的可再生能源。

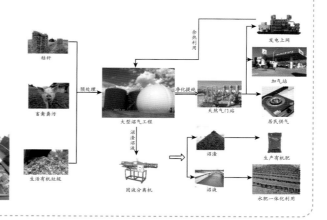

秸秆打捆直燃集中供暖

将打成捆的秸秆，在新型专用锅炉内直接燃烧，替代燃煤，为社区、乡镇政府、学校、医院、敬老院等提供集中供暖，为工农业生产提供集中供热。已在北方地区推广了178处，供暖面积达到700多万平方米。

> 供暖1万平方米，1个彩暖季可消耗560吨玉米秸秆，替代燃煤320吨。与燃煤相比，可减排二氧化硫1.9吨、二氧化碳600吨；与秸秆露天焚烧相比，可减少PM2.5排放5.6吨。

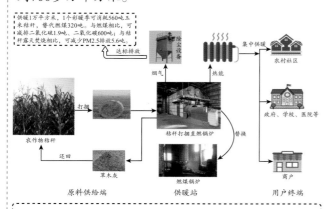

模式优点： 一是供暖期与秸秆收储期吻合，秸秆就近就地随收随用，降低成本；二是污染物排放符合国家标准；三是热效率达到80%以上，使用寿命20年左右，与煤炭锅炉相比运行费用低；四是灰分可回收做肥料，实现"秸秆→燃料→肥料"循环利用。

生物质成型燃料炊事取暖

将农作物秸秆、"林业三剩物"等压缩成块状、棒状、颗粒状等成型燃料，以"成型燃料+清洁炉具""成型燃料+生物质锅炉"为重点，分区推进村镇分布式户用清洁取暖和区域规模化集中供热。截至2019年底，我国成型燃料厂及加工点有2 360处，年产量达到1 095.19万吨，累计推广生物质取暖炉和炊事取暖炉达到1 733万台。

模式优点： 一是体积比秸秆缩小6～8倍，便于存储和运输；二是专用锅炉热效率达90%以上，污染物排放符合国家标准；三是灰分可回收做肥料，实现"秸秆→燃料→肥料"循环利用。

可再生能源示范村建设

在全国5个类型区域，建设一批农村可再生能源示范村，选择适宜技术，解决畜禽粪污、秸秆、尾菜、餐厨垃圾、生活污水等农业农村废弃物的资源化利用问题，助推农村垃圾处理、污水治理、厕所革命，达到农户厨房清洁、庭院清洁、房前屋后清洁和室内空气质量改善的目标，实现农村能源革命和厨房革命。

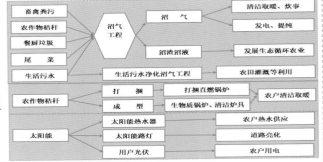

（一）东北地区：在辽宁、黑龙江等地，以秸秆能源化为重点，推广秸秆打捆直燃和秸秆固化型燃料清洁供暖技术，为北方地区农村冬季清洁取暖提供了有效解决方案。

（二）西北地区：在甘肃、宁夏等地，以太阳能和秸秆炭化技术为重点，开展技术集成、改造提升，为西北地区农村清洁洗浴、取暖提供可行方案。

（三）黄淮海地区：在河北等地，以规模化沼气生物天然气、秸秆热解炭气化技术为重点，推进利用生物质气补充"煤改气"气源。

（四）西南地区：在广西、四川、贵州等地，以户用沼气利用技术为重点，开展沼改厕行动，为盘活闲置农村沼气资源提供示范。

（五）长江中下游、东南沿海及华南地区：在湖北、江苏等地，以沼气集中供气技术为重点，通过对规有沼气工程升级改造，提升农户用沼气水平，解决有机垃圾和污水处理问题。

行业标准建设

组织制修订沼气、生物质能、太阳能、省柴节煤、微水电、小风电、新型液体燃料及术语等农村能源标准230多项。全国沼气标准化技术委员会（SAC/TC 515）秘书处、国际标准化组织沼气技术委员会（ISO/TC 255）秘书处都设在生态总站。同时，生态总站也是国际标准化组织清洁炊事与采暖技术委员会（ISO/TC 285）国内对口技术支持单位。

技术培训与行业交流

梳理用地、用电、税收等优惠政策，整理市场化运行的典型模式案例。通过举办培训班，解读行业政策，分析成功案例，帮助各地用足用好支持政策，充分发挥沼气工程效益，激发市场化、产业化发展活力。

指导行业协会、学会举办中国节能技术博览会、沼气学术年会、中德沼气合作论坛、太阳能热利用博览会等系列活动，搭建交流平台和展示窗口，推进产业发展。

九、国际交流与合作

围绕农业生态环保事业"走出去，请进来"，积极承担国际环境公约农业领域履约的技术支撑服务，开展国际新技术引进与示范，推动国际多双边交流与合作，助力我国农业绿色发展和乡村振兴。

国际公约谈判与履约

《联合国气候变化框架公约》

近年来，农业农村部连续派员参加《联合国气候变化框架公约》农业议题谈判磋商，追踪农业应对气候变化最新进展，很好地维护了我国农民利益和农业发展空间。在第23次缔约方大会上，就达成克罗地亚农业联合工作决议发挥积极和建设性作用，极大地推动了农业议题谈判进程。

《关于消耗臭氧层物质的蒙特利尔议定书》

农业行业甲基溴淘汰是中国政府履行《关于消耗臭氧层物质的蒙特利尔议定书》哥本哈根修正案的重要行动之一。经过近10年农业行业甲基溴淘汰项目的实施，成功淘汰了890吨甲基溴在农业生产上的使用，圆满完成国家履约目标。项目还促进了技术研发和行业科技进步，建立了国内经济作物土壤消毒技术体系。

国际新技术引进与示范

资源保护与生态农业

GEF-5气候智慧型主要粮食作物生产项目

探索并初步建立了"固碳减排 稳粮增收"的气候智慧型农业生产方式

GEF-6农业可持续发展伙伴关系规划项目

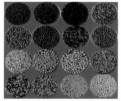

中国起源作物基因多样性的农场保护和可持续利用项目（MARA-FAO-GEF）

减少IAS对中国具有全球重要意义的农业生物多样性和农业生态系统威胁的综合防控体系建设项目（MARA-UNDP-GEF）

气候智慧型草地生态系统管理项目(MARA-WB-GEF)

GEF-7面向可持续发展的中国生态农业创新性转型项目(MARA-FAO-GEF)

MARA-UNDP-GEF节能砖与农村节能建筑市场转化项目

MARA-UNDP-GEF中国零碳村镇促进项目

此外，与亚行等机构在清洁供暖、农业废弃物利用等领域广泛合作。

农村能源与气候变化

国际多双边交流与合作

与联合国开发计划署、联合国工业发展组织、联合国粮农组织、世界银行、联合国环境规划署、全球清洁炉灶联盟、世界自然基金会、荷兰发展组织、德国国际合作机构等建立了合作关系。

与欧盟、英国、美国、新西兰、柬埔寨、南非、肯尼亚、澳大利亚等国家和地区组织建立了联系。

十、生态环境保护信息化工程（农业农村部）

生态环境保护信息化工程（农业农村部建设部分）是国家发展和改革委员会立项的重点工程。项目建成后将实现中央与地方生态环保部门、10 个共建部门之间的互通互联和信息共享，显著提升生态环境动态监测能力、生态环境质量状况评估能力、污染防治效果评价能力、治理措施决策支持能力及协同监管服务能力。

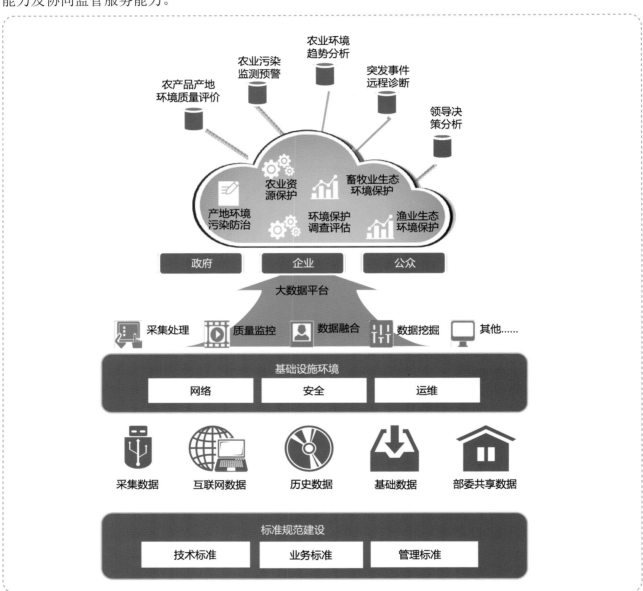

行业聚焦

中共中央办公厅 国务院办公厅转发
《中央农办、农业农村部、国家发展改革委关于深入学习浙江"千村示范、万村整治"工程经验扎实推进农村人居环境整治工作的报告》
(2019年3月)

　　《报告》转发了习近平总书记的重要批示:"浙江'千村示范、万村整治'工程起步早、方向准、成效好,不仅对全国有示范作用,在国际上也得到认可。要深入总结经验,指导督促各地朝着既定目标,持续发力,久久为功,不断谱写美丽中国建设的新篇章。"

　　《报告》梳理总结了浙江省15年来推动"千万工程"7个经验:一是始终坚持以绿色发展理念引领农村人居环境综合治理,扎实持续改善农村人居环境;二是始终坚持高位推动,党政"一把手"亲自抓、分管领导直接抓;三是始终坚持因地制宜、分类指导,不搞千村一面;四是始终坚持有序改善民生福祉,先易后难,从村庄清洁行动做起,以重点突破带动面上工作;五是始终坚持系统治理,久久为功,建立长效管护机制;六是始终坚持真金白银投入,强化要素保障,调动基层政府积极性主动性;七是始终坚持强化政府引导作用,调动农民主体和市场主体力量,完善农民参与引导机制。

　　《报告》要求各地区各部门认真贯彻落实习近平总书记有关重要指示批示精神,深入学习浙江省"千万工程"经验,突出农村垃圾污水处理、"厕所革命"、村容村貌整治提升等重点,扎实推进农村人居环境整治活动;坚持中央统筹、省负总责、市县抓落实的工作机制,发挥好中央农村工作领导小组办公室、农业农村部的牵头作用,加强有关部门协同配合,落实好地方各级党委和政府主体责任;发挥规划引领作用,指导、推动和支持各地抓紧编制好村庄布局和建设规划,加强分类指导,不搞"一刀切";建立健全政府、农村集体和农民、社会力量多元投入机制,最大程度发挥资金使用效益。

农业农村部办公厅　财政部办公厅印发
《关于做好2019年绿色循环优质高效特色农业促进项目实施工作的通知》
(2019年3月)

　　《通知》提出,以果、菜、茶等优势特色产业为重点,以增加绿色优质特色农产品供给为目标,以提高资源利用效率和生态环境保护为核心,以建设资源节约和环境友好型农业为方向,以项目建设为载体,以县为单位,建设一批全程绿色标准化生产基地,培育一批"独一份"特色农产品品牌,有效提升农业的质量效益和竞争力。

绿色循环优质高效特色农业促进项目主要支持建设全程绿色标准化生产基地、完善"产加销"一体化发展全链条、加强质量管理和品牌运营服务等内容。2019年，重点支持山西、吉林、江苏、江西、河南、湖北、湖南、海南、四川、宁夏10个省份实施绿色循环优质高效特色农业促进项目。中央财政通过以奖代补方式予以补助。各省根据建设条件择优确定不超过3个项目（优先支持符合条件的贫困县申请项目），每个项目中央财政补助资金不低于1 800万元。

畜禽粪污资源化利用高峰论坛在广西南宁举办
（2019年4月）

4月17日，全国畜牧总站、中国饲料工业协会在广西南宁举办2019畜禽粪污资源化利用高峰论坛。农业农村部副部长于康震出席论坛并作主旨报告，从聚焦规模养殖场、聚焦畜牧大县、聚焦种养结合、聚焦转型升级、聚焦技术支撑和服务5个方面对推进畜禽养殖废弃物资源化利用提出具体要求，强调要继续组织实施好粪污资源化利用整县推进项目，加大项目实施力度，实现畜牧大县全覆盖；研究制定有效对接种养两端需求的政策和举措，建立健全畜禽粪污肥料化利用市场机制，打通畜禽粪肥还田利用"最后一公里"；组织开展畜禽养殖标准化示范创建活动，新创建100家示范场，以点带面示范推广绿色发展模式，走一条绿色、高效、优质的现代畜牧业发展之路。来自农业农村部有关司局单位、中国畜牧业协会、各省份畜牧管理部门和技术推广部门、科研院所、部分省畜禽养殖废弃物资源化利用科技创新联盟以及养殖企业、畜牧环保企业等单位的近1 600人出席论坛。

农业农村部办公厅印发
《关于全面做好秸秆综合利用工作的通知》
（2019年4月）

《通知》提出，坚持因地制宜、农用优先、就地就近、政府引导、市场运作、科技支撑，以完善利用制度、出台扶持政策、强化保障措施为推进手段，激发秸秆还田、离田、加工利用等环节市场主体活力，建立健全政府、企业与农民三方共赢的利益链接机制，推动形成布局合理、多元利用的产业化发展格局，不断提高秸秆综合利用水平。

《通知》要求，编制年度实施方案，明确不同区域、不同作物秸秆的利用方向，合理布局产业化利用途径、"收储运"基地，创设秸秆还田、离田、加工利用等领域配套政策；建立资源台账，搭建国家、省、市、县4级秸秆资源数据平台，摸清资源底数，掌握利用情况；强化整县推进，因地制宜确定秸秆利用方式，推动县域秸秆综合利用率达到90%以上或比上年提高5个百分点，探索建立区域性补偿制度；培育市场主体，大力培育秸秆"收储运"服务主体，构建县域全覆盖的秸秆收储和供应网络；加强科技支撑，组建本省秸秆综合利用技术专家组，形成适合本地的秸秆深翻还田、免耕还田、堆沤还田等技术规程，研发推广秸秆青黄贮饲料、打捆直燃、成型燃料生产等领域新技术。

农业农村部办公厅印发
《2019年农业农村绿色发展工作要点》
（2019年4月）

《要点》从提升农业农村绿色发展水平、发挥绿色发展对乡村振兴的引领作用等5个方面提出了具体的要求：

一是推进农业绿色生产，要求优化种养业结构，合理调整粮经饲结构，推行标准化生产，制修订农药残留标准1 000项、兽药残留标准100项，发展生态健康养殖，继续创建100家全国畜禽养殖标准化示范场，增强绿色优质农产品供给，严格准入门槛，加强证后监管和目录动态管理。

二是加强农业污染防治，持续推进化肥减量增效，选择300个县开展化肥减量增效试点，确保到2020年化肥利用率提高到40%以上。持续推进农药减量增效，深入开展农药使用量零增长行动，加快新型植保机械推广应用步伐，力争主要农作物病虫绿色防控覆盖率达到30%以上。推进畜禽粪污资源化利用，落实规模养殖场主体责任，推行"一场一策"；确保2019年底，规模养殖场粪污处理设施装备配套率达到80%，大型规模养殖场粪污处理设施装备配套率在年底前达到100%。全面实施秸秆综合利用行动，以肥料化、饲料化、燃料化利用为主攻方向，探索秸秆利用区域性补偿制度，开展秸秆综合利用台账制度建设。深入实施农膜回收行动，加快出台《农膜管理办法》，深入推进100个县开展农膜回收利用，探索建立"谁生产、谁回收"的农膜生产者责任延伸机制。强化耕地土壤污染管控与修复，加快耕地土壤环境质量类别划分，制订分类清单，出台污染耕地安全利用推荐技术目录，构建农产品产地环境监测网，建立监测预警制度。

三是保护与节约利用农业资源，扩大耕地轮作休耕制度试点，巩固耕地轮作休耕制度试点成果。加快发展节水农业，大力推广旱作农业技术，建立灌溉施肥制度，采用新型软体集雨技术，实现集雨补灌。加强农业生物多样性保护，推动制定第二批国家重点保护野生植物名录，提出第二批国家重点管理外来入侵物种名录。着力强化渔业资源养护修复，实现内陆七大重点流域禁渔期制度全覆盖，建设国家级海洋牧场示范区10个以上。

四是切实改善农村人居环境，深入学习推广浙江省"千村示范、万村整治"经验，指导各地组织实施好各具特色的"千万工程"。实施农村人居环境改善专项行动，组织实施农村"厕所革命"整村推进奖补政策，重点围绕"三清一改"，开展村庄清洁行动，强化人居环境整治技术支撑。积极发展乡村休闲旅游，实施休闲农业和乡村旅游精品工程，打造特色突出、主题鲜明的休闲农业和乡村旅游精品。

五是强化统筹推进和试验示范。统筹推动长江经济带绿色发展，建立长江经济带农业农村绿色发展工作机制，开展第二批国家农业绿色发展先行区评估确定，推动绿色发展相关项目资金向先行区倾斜，打造全国农业绿色发展综合样板。加强农业绿色发展基础性工作，完善农业绿色发展研究体系，筹备建立中国农业绿色发展研究会，召开农业绿色发展研讨会，出版发布《中国农业绿色发展报告2018》。

农业农村部、国家发展和改革委员会、工业和信息化部、财政部、生态环境部、国家市场监督管理总局印发《关于加快推进农用地膜污染防治的意见》

（2019年6月）

《意见》提出，到2020年建立工作机制，明确主体责任，回收体系基本建立，农膜回收率达到80%以上，全国地膜覆盖面积基本实现零增长；到2025年，农膜基本实现全回收，全国地膜残留量实现负增长，农田白色污染得到有效防控。

《意见》要求，加快制定法律法规，联合制定农用薄膜管理办法，建立全程监管体系，加强农膜回收利用的法律保障；建立地方负责制度，压实地方政府主体责任，明确地膜污染防治的第一责任主体；建立使用管控制度，开展地膜覆盖技术适宜性评价和合理利用，完善可降解地膜评价认证和降解产物检测评估体系；建立监测统计制度，开展常态化、制度化的监测评估；建立绩效考核制度，把地膜污染治理纳入地方政府有关农业绿色发展的考核指标，加强对地膜污染防治的监督和考核，建立激励和责任追究机制。

《意见》要求，规范企业生产行为，不得利用再生料生产地膜，禁止生产厚度、强度、耐候性能等不符合国家强制性标准的地膜；强化市场监管，不得采购和销售不符合国家强制性标准的地膜；推动减量增效，示范推广一膜多用、行间覆盖等技术，加强对粮棉、菜棉轮作等轮作倒茬制度探索，推广机械捡拾、适时揭膜等技术，鼓励和支持农业生产者使用生物可降解农膜；强化回收利用，因地制宜建立政府扶持、市场主导的地膜回收利用体系，完善废旧地膜回收网络，探索推动地膜生产者责任延伸制度试点。

《意见》要求，中央财政要继续支持地方开展废弃地膜回收利用工作，继续推动农膜回收示范县建设。省级政府可根据当地实际安排地膜回收利用资金，对从事废弃地膜回收的网点、资源化利用主体等给予支持，对机械化捡拾作业等给予适当补贴。

农业农村部办公厅印发
《关于切实做好农药包装废弃物回收工作的通知》
（2019年7月）

《通知》提出，2019年农业农村部将在5个省10个重点县组织开展农药包装废弃物回收试点，重点支持村组、农药经营店和专业化防治组织建设回收点和储存场所，逐步建立和完善农药包装废弃物回收渠道和模式。各地要按照"市场主体回收、专业机构处置、公共财政扶持"的要求，探索符合本地实际情况的农药包装废弃物回收机制。

《通知》要求，督促各类主体落实农药包装废弃物回收义务，明确农药生产企业、农药经营单位和农药使用者是农药包装废弃物回收的主体，鼓励使用者自发回收农药包装废弃物，引导专业化统防统治组织开展农药包装废弃物回收服务，探索农药生产企业有偿回收机制，积极引导社会资本参与农药包装废弃物回收。

《通知》要求，加强相关技术培训和指导，改变一些农民盲目打药和过量施药的习惯，减少农药使用；大力扶持发展病虫专业化防治组织，大面积实施病虫害统防统治；鼓励和引导专业化防治组织直接向农药生产企业定制可回收利用的大包装，有效减少农药包装废弃物。

中央农村工作领导小组办公室、农业农村部、住房和城乡建设部
在河南省兰考县召开全国农村生活垃圾治理工作推进现场会
（2019年10月）

10月21日，中央农村工作领导小组办公室、农业农村部、住房和城乡建设部在河南省兰考县召开全国农村生活垃圾治理工作推进现场会。农业农村部副部长余欣荣、住房和城乡建设部副部长倪虹、全国供销合作总社党组成员侯顺利出席会议并讲话，河南省副省长何金平在会上致辞。黑龙江省、甘肃省、河南省兰考县、浙江省衢州市衢江区、湖南省长沙县、广西壮族自治区恭城瑶族自治县的代表作交流发言。

会议强调，要深入学习贯彻习近平总书记关于治理农村生活垃圾、推进垃圾分类的重要指示精神，加快完善农村生活垃圾收运处置体系，抓好农村生活垃圾分类试点工作，建立健全治理长效机制；要积极探索推进农村生活垃圾分类，不断提升农村生活垃圾治理水平。坚持就近就地就农利用，实现农村生活垃圾源头减量。引导群众广泛参与，让农民成为农村生活垃圾分类的主力军。发挥市场机制作用，加快建设回收利用体系。

会议要求，要健全农村生活垃圾治理的工作责任机制、村庄保洁机制、多元化投入机制和监督指导机制，建立起一套务实管用的长效运行机制；要与农村生活污水治理、厕所革命、村庄清洁行动、农业生产废弃物资源化利用、乡村产业发展、乡风文明建设等其他工作一体谋划、统筹推进。

农村人居环境整治高峰论坛在江苏南京举行
（2019年11月）

2019年11月19日，农业农村部在江苏省南京市举办农村人居环境整治高峰论坛暨农村厕所革命技术论坛，余欣荣副部长出席论坛并讲话。讲话中强调要坚持以人民为中心的发展思想，满足广大农民群众对改善农村人居环境的迫切需求，久久为功、环环紧扣、盯住不放，重点处理好长期目标和短期目标的关系、统筹谋划和因地制宜的关系、典型示范和面上推开的关系、建设和管护的关系、政府引导和农民主体的关系；要凝聚各方面智慧、动员各方面力量，解决关键技术问题，创新农村人居环境建设机制，加快建设专业队伍，强化协作配合，加大宣传引导力度。在论坛进行期间，还举行了第一届全国农村改厕技术产品创新大赛颁奖仪式。住房和城乡建设部、国家卫生健康委员会、联合国儿童基金会及江苏省政协等有关部门负责人参加了论坛。

农业农村部办公厅印发
《农业绿色发展先行先试支撑体系建设管理办法（试行）》
（2019年11月）

《办法》提出，在国家农业绿色发展先行区已开展的工作基础上，建立和完善绿色农业技术体系，分品种开展技术创新集成，形成与当地资源环境承载力相适应的种养技术模式；分生产环节开展技术创新集成，打造全产业链农业绿色配套技术；分生态区域类型开展技术创新集成，因地制宜创新区域性农业绿色发展关键技术和模式。建立和完善绿色农业标准体系，在生产领域，制定完善农产品产地环境、投入品质量安全、农兽药残留、农产品质量安全评价与检测等标准；在加工领域，制定完善农产品加工质量控制、绿色包装等标准；在流通领域，制定完善农产品安全储存、鲜活农产品冷链运输以及物流信息管理等标准。建立和完善绿色农业产业体系，大力发展种养结合、生态循环农业，培育农产品品牌，开展绿色农产品产地加工，开发农业休闲观光、文化传承等多种功能，实现农村一二三产业融合发展；建立和完善绿色农业经营体系，健全绿色农资经营网络，加大对新型农业经营主体绿色种养技术的培训，扶持发展农业专业化服务组织，推进"互联网+"生态农业建设；建立和完善绿色农业政策体系，健全以绿色生态为导向的补贴制度，加快农业绿色发展地方性法规制修订；建立和完善绿色农业数字体系，推动遥感、物联网、大数据等现代信息技术与农业绿色发展结合，加快数字农业建设，提升农业发展信息化水平、智能化水平。

农业农村部、生态环境部、国家林业和草原局印发
《关于推进大水面生态渔业发展的指导意见》
（2019年12月）

《意见》提出，到2025年，大水面生态保护与渔业发展实现充分融合，渔业在水域生态修复中的作用得到明显提升，大水面生态渔业管理协调机制更加完善，优质水产品比重显著提高，产业链有效拓展延伸，形成一批管理制度完善、经营机制高效、利益联结紧密的生态渔业典型模式，基本实现环境优美、产品优质、产业融合、生产生态生活相得益彰的大水面生态渔业发展格局。

《意见》提出，要以法律法规为依据，保障大水面生态渔业发展空间；以发挥渔业生态功能为导向，开展增殖渔业；以科学合理为前提，发展网箱网围养殖、加强大水面生态环境保护。

《意见》要求，理顺完善经营机制，稳定大水面承包经营关系，建立健全退出补偿机制，培育壮大经营主体，支持传统捕捞渔民转产转业，构建紧密的利益联结机制。建立健全监督管理机制，建立由同级农业农村部门牵头，生态环境、自然资源、林业草原等部门参与的工作协调机制；开展区域联合执法工作，鼓励探索"政府支持+社会参与"渔政管理新模式，强化行政执法与刑事司法衔接。推进高质量融合发展，积极发展休闲渔业，促进文化、旅游、体育、垂钓、观光、餐饮、康养深度融合。培育壮大水产品加工流通龙头企业，支持申请创建大水面绿色有机水产品、地理标志产品认证和区域公用品牌。

全国人大常委会审议通过《民法典（草案）》
（2019年12月）

2019年12月28日，第十三届全国人大常委会第十五次会议审议通过《民法典（草案）》，对公民履行生态环境保护义务作出了明确规定。主要包括：一是民事主体从事民事活动，应当有利于节约资源、保护生态环境；二是用益物权人行使权利，应当遵守法律有关保护和合理开发利用资源、保护生态环境的规定；三是当事人在履行合同过程中，应当避免浪费资源、污染环境和破坏生态；四是出卖人应当按照约定的包装方式交付标的物，没有通用方式的，应当采取足以保护标的物且有利于节约资源、保护生态环境的包装方式；五是在侵权责任中，从7个方面规定了污染环境、破坏生态应该承担的侵权责任、修复责任、赔偿责任及惩罚性赔偿责任。

体系建设

机构人员

截至2019年底，全国省、地（市）、县（区）3级农业资源环境保护机构总数达到2 162个，同比减少21.44%；其中，省级26个、地（市）级239个、县（区）级1 897个。这些机构中，属于行政机构的171个，占7.91%；参公单位100个，占4.63%；事业单位1 891个，占87.46%。在全国农业环境保护机构中，独立设置的785个，占36.31%；合署办公的789个，占36.49%；其他类型的588个，占27.20%。

全国省、地（市）、县（区）3级农业资源环保机构从业人员10 970人，同比下降21.97%。

其中，省级385人，占3.51%；地（市）级1 568人，占14.29%；县（区）级9 017人，占82.2%。

从年龄看，35岁及以下人员2 172人，占19.80%；36～50岁人员5 947人，占54.21%；51岁及以上人员2 851人，占25.99%。

从学历看，具有博士研究生学历33人，占0.30%；硕士研究生学历727人，占6.63%；本科学历5 397人，占49.20%；大专学历3 392人，占30.92%；中专及以下学历1 421人，占12.95%。

从编制看，公务员编制人员329人，占3.00%；参公编制人员708人，占6.45%；事业单位编制人员9 933人，占90.55%。

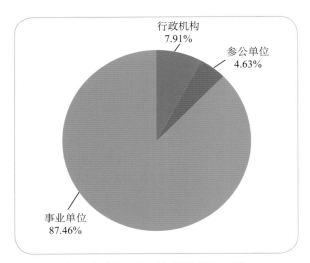

全国农业资源环境保护机构属性

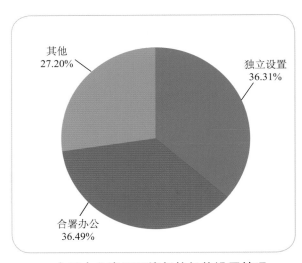

全国农业资源环境保护机构设置情况

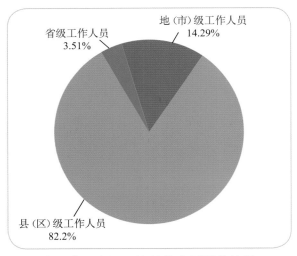

全国农业资源环境保护人员职称情况

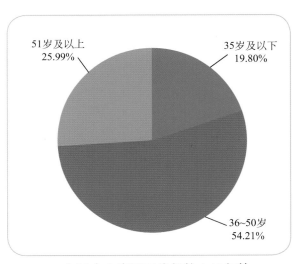

全国农业资源环境保护人员年龄

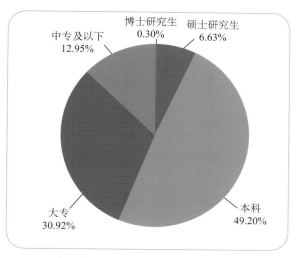

农业资源环境保护人员学历情况

初级职称2 310人，占23.65%；技师（工）职称1 127人，占11.54%。

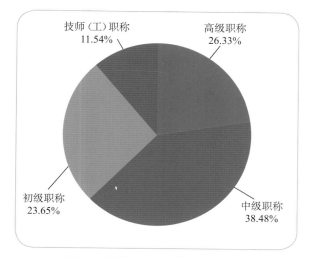

全国农业资源环境保护人员结构情况

从岗位看，管理岗位人员1 732人，占15.79%；专业技术岗位人员7 537人，占68.71%；工勤技能人员1 701人，占15.5%。

从职称看，全国农业环境保护机构中具有职称的9 767人。其中，高级职称人员2 572人，占26.33%；中级职称人员3 758人，占38.48%；

受机构改革影响，我国农业资源环境保护机构和人员出现了较大幅度的下降。2001—2019年全国农业资源环境保护机构及人员变化见下表。

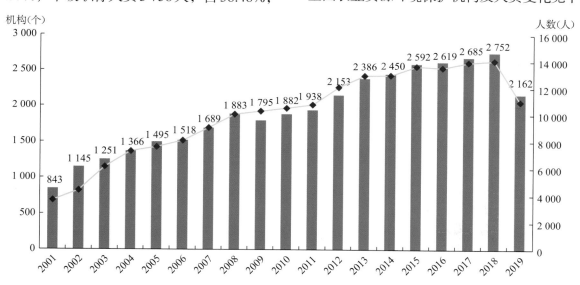

2001—2019年全国农业环境保护机构及人员情况

能力建设

一、开展职业技能鉴定

2019年，农村能源职业技能开发工作侧重于制定标准和开发教材等工作。2月，颁布实施

《沼气工》国家职业技能标准；5月，农业农村部农业生态与资源保护总站（以下简称农业农村部生态总站）在西藏自治区林芝市举办第18期农村环能系统职业技能鉴定考评人员资格认证培训班。全年颁发沼气国家职业资格证书约600

本，为符合资格条件的152位学员办理了沼气工国家职业资格考评员证卡，对所属29家鉴定站的属地备案情况进行了摸底调查。

二、提升体系素质能力

1. 举办农业资源环境保护与农村能源体系管理干部培训班

5月5～10日，农业农村部生态总站在北京举办第七期农业资源环境保护与农村能源体系省级管理干部能力建设培训班。

培训班以机构改革、农业生态文明和体系建设等为主题，邀请了农业农村部相关司局、国家行政学院、生态环境部环境发展中心等单位的领导和专家，围绕机构改革后农业资源环保和能源生态职能调整、农业生态文明、中央1号文件、农业农村污染治理攻坚战、农业资源生态保护中央财政项目申报及补助资金政策、农村人居环境整治等，进行了专题讲解。学员们实地考察了北京市煤改气、煤改电、农村人居环境整治、生态循环农业及农业现代园建设等典型项目，并针对机构改革后体系的职能定位和面临问题进行了交流研讨。

农业农村部科技教育司李波副司长，农业农村部生态总站王久臣站长、李少华副站长等出席开班式并讲话；来自全国各省、自治区、直辖市和计划单列市的科教处、农业生态与农村能源处、农业资源环保站、农村能源办公室等有关单位负责人近80人参加了培训。

全国农业资源环境保护与农村能源体系省级管理干部能力建设培训班

7月15～19日，农业农村部生态总站在内蒙古自治区海拉尔区举办全国农业资源环保与农村能源体系管理干部培训班，培训班围绕2019年中央1号文件、地膜污染防治技术模式、秸秆综合利用技术及应用、农产品产地土壤污染防治、农业污染源普查、外来入侵物种防控、农村可再生清洁能源、农村厕所革命、农村人居环境整治等内容展开培训，邀请相关领域专家进行了专题讲解。来自全国省（自治区、直辖市）、地、县3级农业资源环保站、农村能源办公室负责人及技术人员近500人参加了培训。

农业资源环保与农村能源体系管理干部培训班

2. 举办农村能源体系专业技术人员高级培训班与农业资源环境专业技术人员高级培训班

4月，农业农村部生态总站在浙江省湖州市举办第四期农村能源系统专业技术人员高级培训班，李少华副站长出席开班式并讲话。培训班邀请专家围绕"两山"理论、生态文明思想发展渊源及参培人员在湖州的实践活动进行了讲解，组织参观了安吉县余村、鲁家村等现场教学点。来自各省级农村能源部门主要负责人及业务骨干等30余名学员参加培训。

9月，农业农村部生态总站在广西壮族自治区南宁市举办了农业资源环境专业技术人员高级培训班。培训班邀请专家围绕农产品产地环境、农业农村环境整治、农业生物多样性等内容进行了讲解，广西、湖北、江苏等省份还在培训班上交流了农业环保领域的成熟技术和管理经验。来自各省级农业资源保护部门主要负责人及业务骨干等30余名学员参加培训。

农村能源体系专业技术人员高级培训班

农业资源环境专业技术人员高级培训班

行业信息化

一、推进生态环境保护信息化工程建设

根据国家发展和改革委员会《生态环境保护信息化工程初步设计和投资概算》要求，农业农村部生态总站以应用软件开发为重点，完成了农作物秸秆综合利用调查子系统的开发、测试和上线使用，全国2 000多个区县完成2018年度秸秆综合利用数据填报工作；稳步推进农业地膜调查利用等子系统的设计和开发。根据中央国家机关政府采购工作的要求，在严格履行招投标程序

和站内议事决策机制的基础上，由中央国家机关政府采购中心组织专家评审，完成了生态环境保护信息化工程"硬件设备、系统软件、机房改造、系统集成"采购项目开、评标工作；先后向生态环境部提交工程进展和概算执行情况报告3份，向农业农村部发展规划司农业建设项目管理平台和国家发展和改革委员会国家重大建设项目库报送进度情况24份次。

二、组织编制行业发展报告与统计年报

农业农村部生态总站组织编写了《2019农业资源环境保护与农村能源发展报告》。该报告系统梳理了2018年农业资源环境保护与农村能源建设的进展成效，总结了各地的典型做法和经验，由中国农业出版社正式出版发行。编制印发了《2018年全国农村能源可再生能源统计年报》和《2018年全国农业资源环境信息统计年报》。

社团组织

中国农业生态环境保护协会

一、组织开展学术交流研讨

5月7～8日，在浙江省宁波市举办第四届现代生态农业研讨会暨"天胜农牧杯"生态农场创新创业竞赛活动，以"建设生态农场 助力乡村振兴"为主题，设置"专家主题报告""生态农场竞赛"等环节，邀请相关领域专家及各行业农业工作者围绕绿色生态农业相关政策、行业动态、先进种植、养殖经验及农产品销售等进行交流发言。同时，邀请12家自主申报、专家遴选产生的生态农场进行现场路演，从创业初心、年度营收、生态指标、社会评价及团队几个方面进行展示演讲，评审产生一等奖1名、二等奖2名、三等奖3名、优秀奖6名。协会理事长王衍亮、农业农村部生态总站高尚宾副站长出席并讲话，来自全国各地的农业企业家、生态农场负责人、农业工作者及有关专

家200余人参加了研讨会。

第四届现代生态农业研讨会暨"天胜农牧杯"生态农场创新创业竞赛现场

11月5～6日，在江西省新余市召开全国生态循环农业发展经验推介会，农业农村部科技教育司副司长李波、协会理事长王衍亮、农业农村部生态总站副站长吴晓春参加会议。推介会以"发展生态循环农业、助力乡村生态振兴"为主题，介绍了新余渝水、浙江衢州、陕西梁家河等地发展生态循环农业的经验，并邀请有关专家就农业生态休闲、气候变化、农田生物多样性构

建、生态农业发展融资等做了专题报告。与会代表还实地考察了新余市瑞旺生态循环农业基地、洪泰农业科技有限公司的秸秆离田现场，以及科瑞种植农民专业合作社等示范点。

全国生态循环农业发展经验推介会

2013—2019年，协会成立了农产品产地污染修复及安全利用分会、农用地膜污染防治分会、土壤消毒分会、畜牧环境与废弃物资源化利用专业委员会；组织举办或联合举办了一系列学术交流、主题展览和科普宣传等活动。

2013—2019年协会主要活动一览表

序号	活动名称	举办年份	组织方式
1	农业农村环境保护技术与经验国际交流会	2013	独立举办
2	第十五届中国科协年会第十八分会场"农业生态环境保护与环境污染突发事件应急处理"研讨会	2013	联合举办
3	"倡导绿色消费，保护农业环境"主题展览活动	2013	联合举办
4	蔬菜废弃物资源化处理利用专题研讨会	2014	独立举办
5	现代农业发展论坛农业清洁生产分论坛	2014	联合举办
6	"粮食可持续生产：土地与水资源利用"专题研讨会	2014	联合举办（国际）
7	《中华人民共和国环境保护法（修订版）》立法评估会	2014	参加
8	畜禽养殖排放环境影响专题研讨会	2015	联合举办
9	"第八届中国环境与健康宣传周"启动仪式	2015	参加
10	秸秆资源化利用现场活动	2015	联合举办
11	农用地膜综合利用现场交流活动	2015	独立举办

（续）

序号	活动名称	举办年份	组织方式
12	（国际）农废无害化处理及副产物综合利用展览会	2015/2016	独立举办（国际）
13	第五届农业生态与环境安全学术研讨会暨湖泊主题面源课题研讨会	2016	联合举办
14	广东农业面源污染治理国际研讨会	2016	参与举办
15	第二届农田副产物综合利用处理技术论坛	2016	参与举办
16	可降解地膜试验示范现场会	2016	独立举办
17	土传病虫害防控展区亮相中国国际农产品交易会	2016	参加
18	中荷畜禽废弃物资源化创新研讨会	2017	独立举办
19	可降解地膜交流活动	2017	独立举办
20	全国农业面源污染治理现场会暨技术培训班	2017	独立举办
21	农业废弃物循环利用与农业绿色发展研讨会	2017	独立举办
22	全生物降解地膜研讨交流活动	2018	独立举办
23	农膜回收生产者责任延伸制度企业代表座谈会	2018	独立举办
24	全国生态农场与绿色发展研讨会	2018	联合举办
25	第三届现代生态农业研讨会	2018	独立举办
26	第八届生物基和生物分解材料技术与应用国际研讨会	2018	联合举办
27	第四届现代生态农业研讨会	2019	独立举办
28	全国生态循环农业发展经验推介会	2019	联合举办
29	全国生态农场与绿色发展研讨会	2019	联合举办

二、组织编撰《中国农业百科全书·农业生态环境卷》

农业生态环境管理分支分别在4月、6月召开编写工作会，反复研讨条目设计，明确分支分工及进度安排，初步形成条目表初稿；农业生态学分支分别在6月、7月召开3次编写工作会，不断完善条目设计，明确写作分工，已形成条目表初稿；农业生态保护分支在7月召开编撰工作研讨会，对条目大纲进行了讨论。

中国沼气学会

一、开展学术交流研讨

2019年4月15～17日，中国沼气学会在上海市举办"2019年中国环博会沼气论坛"，学会副理事长李景明出席会议并做报告。论坛展示了水与污水处理、泵管阀配件、固体废弃物处理、资源回收利用、环境监测、环境服务业等领域的前沿技术与最新解决方案。沼气行业专家、企业代表300多人研讨学习沼气技术和政策。

11月11～12日，在四川省成都市举办"2019年中国沼气学会学术年会暨中德沼气合作论坛"。农业农村部党组成员、中国农业科学院院长唐华俊院士，四川省政协副主席、全国政协常委陈放，农业农村部科技教育司副司长汪学军等出席开幕式并致辞。10余位国内外专家从技术、政策和市场等方面探讨了生物质能源利用技术发展的未来。来自美国、日本、德国等18个国家200余个科研院所、政府管理部门和相关企业的代表400多人参会。

二、开展业务技能培训

3月18～22日，学会配合农业农村部生态总站在云南省大理市举办了农村人居环境整治技术服务与提升培训班。农业农村部生态总站王久臣站长、吴晓春副站长等出席开班式并讲话。培训班围绕农村能源综合建设、资金管理、规范财务，农村人居环境改善和提升评价方法，以沼气为纽带的生态循环农业技术，秸秆的能源化利用技术、模式和案例，清洁炉具典型技术、设备和推广模式，农村地区太阳能利用技术及模式等6个方面开展了培训，全国18个省份近100名农村能源系统的管理干部学员参加了培训。

6月11～12日，学会配合农业农村部生态总站在河北省雄安新区召开农村能源利用技术交流研讨会，农业农村部生态总站王久臣站长、吴晓春副站长参加会议并讲话。会议围绕农村能源利用技术及推广模式，邀请北京、河北、内蒙古等17个省份农村能源办公室（站）相关负责同志汇报交流了各自试点示范开展情况。

10月22～24日，学会配合农业农村部生态总站在甘肃省武威市举办农村可再生能源利用技术培训班。农业农村部生态总站副站长吴晓春出席开班式并讲话。培训班围绕农村可再生能源技术集成示范及新模式新机制、主要技术应用路径、试点示范案例分析等开展了培训。

来自北京、河北、内蒙古等17个省份农村能源办公室（站）主要负责同志和业务骨干参加了培训。

三、组织开展行业服务

1.组织开展优秀论文评选活动

学会联合浙江大学向沼气管理、研发和生产单位的科研工作者征集相关论文，共收到论文40篇。经专家评审，共评出一等奖2名、二等奖3名、三等奖5名。

2.组织举办沼气产业创新创业大赛

学会组织开展年度沼气+创新创业挑战赛暨第五届环保创新创业大赛，对符合要求的参加决赛的团队采取现场投票方式，从核心技术、商业模式、市场前景、创新性、成长性5个方面进行评价，共评出一等奖1名、二等奖2名、三等奖3名。

四、开展行业决策咨询服务

1. 组织编写《中国农业百科全书·农村能源卷》

组织开展条目大纲编撰、条目审定、样条试写等工作，经中国农业出版社审核，初步确定了《农村能源卷》条目大纲框架。

2.积极参与沼气标准制定

组织会员单位和有关专家开展沼气工程安全评价和生物天然气等标准制定，开展沼肥标准体系研究。组织中方专家赴加拿大多伦多参加国际标准化组织沼气技术委员会（ISO/TC 255）年会，牵头研究和讨论沼气工程安全与卫生方面的国际标准，参与户用沼气和生物燃气国际标准讨论等。

五、开展会员咨询服务

截至2019年底，发展在册个人会员1 566名、团体会员343个，接待会员来访30多次（批），接听和答复会员或群众来电、来信400余次；编印《中国沼气学会会员单位宣传册》，并在年会上免费发放给会员单位。

中国农村能源行业协会

一、加强协会体系建设

1.召开会员大会

2019年4月12日，协会在北京召开第七届全国会员代表大会，审议第六届理事会工作报告、财务报告、行业自律公约、会员管理办法，选举产生协会第七届理事会理事、秘书长、副会长和会长、监事和监事长、法人代表。

2.成立农村清洁取暖专家委员会

协会民用清洁炉具专业委员会整合各方资源成立了农村清洁取暖专家委员会，依托专家委员会成立了以行业专家和技术骨干为主的民用清洁炉具技术创新委员会，其中包括清洁炉具和节能暖炕产学研平台2个技术组，为行业健康发展和专委会工作提供技术支撑。

3.持续吸纳企业会员

全年为55家企业办理了入会手续；其中，节能炉具企业8家、沼气及生物天然气企业5家、生物质能转换技术企业2家、太阳能企业1家、新型液体燃料及燃具企业39家。涉及农村能源行业的研究设计、生产、经销等领域。

4.扎实推进协会信息化建设

将新版本的中国农村能源行业信息网正式上线，并通过中国社会组织官网安全认证；推动太阳能热利用官网正式上线；启动行业供热工程数据监控平台建设工作，制定相关制度规范，有7家企业的工程报名接入。

二、组织开展行业活动

1.举办北方地区清洁能源供暖峰会

3月7～9日，协会在山西省太原市举办2019我国北方地区清洁能源供暖峰会暨山西省"太阳能+"多能源互补技术交流会，以"交流清洁供暖技术　共享绿色低碳生活"为主题，邀请相关领域专家和企业代表介绍北方地区太阳能清洁取暖科技创新成果，推广太阳能、生物质能、地热能、空气源热泵及多种清洁能源集成互

补应用模式及经验。政府相关部门相关人员、专家学者和企业代表400多名参会。

2.举办农村清洁取暖峰会及清洁取暖县长论坛

3月22～23日，协会在河北省廊坊市举办2019中国农村清洁取暖峰会及清洁取暖县长论坛。论坛围绕清洁取暖产业布局、技术路径选择、项目实施过程中遇到的问题与困难等，邀请有关领导、专家及企业代表等聚焦县域清洁取暖项目实施情况，交流经验、分享成果、对接工作，推动地方清洁取暖项目落地实施。国家有关部委领导、行业专家、地方政府项目实施单位及项目运营商、企业代表等600多人参加峰会论坛。

3.举办2019中国生物质清洁取暖及产业化发展峰会

10月14～16日，协会在山东省阳信县召开2019中国生物质清洁取暖及产业化发展峰会。峰会以"提质增效，系统推进，产业化发展"为主题，邀请相关领域专家围绕农村清洁取暖问题及对策、生物质清洁取暖实施现状及效果、生物质清洁供热趋势分析及案例、生物质清洁取暖产业化与乡村振兴战略的融合发展等议题进行了深入交流研讨。

4.组织开展农村清洁取暖炉具第2季活动和太阳能热利用行业"领跑者"活动

围绕农村清洁取暖炉具第2季活动，通过测评和统一现场测试，发布领跑者第2季目录，组织开展对外宣传推广；6月30日至7月1日，在北京举办清洁炉具技术培训、"领跑者"发布会暨炉具行业年中工作会议，对领跑者测试工作进行总结并对外公布结果。围绕太阳能热利用行业"领跑者"活动，组织开展形式审查、产品测试、社会公示、综合评价等工作，共有23家企业42个产品参加了"领跑者"活动。

5.组织召开太阳能热利用行业年会

12月7～9日，协会在山东省济南市召开

2019年中国太阳能热利用行业年会暨高峰论坛，以"按照高质量发展要求，加快转型升级步伐"为主题，邀请相关行业专家和企业代表作主题发言；同期举办了第三届"青年企业家"才俊沙龙，并发布入选2019年中国太阳能热利用行业"领跑者"产品目录企业名录。150余家企业代表参加会议。

6.举办民用清洁炉具专业委员会年会

12月27～29日，协会在北京召开民用清洁炉具专业委员会年会，以"清洁取暖形势下的变局与破局"为主题，邀请有关行业专家和企业代表围绕清洁取暖政策形势、各地清洁取暖项目实施和用户使用现状、行业发展面临的问题与出路等展开交流研讨。同期举行"2020中国农村清洁取暖发展高峰论坛暨第二届清洁取暖区域产业发展县长论坛"发布会、"2020清洁炉具'领跑者'第3季"启动会。100余家企业代表参加了会议。

三、开展行业决策咨询服务

在开展实地调查、数据分析、案例研究等工作基础上，组织编写完成《2019年中国农村能源行业年度发展报告》。根据农业农村部安排

部署，选取了5～10个试点县，开展秸秆产生量实地核查工作，完成《秸秆产生量实地核查报告》。受生态环境部委托，组织开展对澜沧江-湄公河流域相关国家能源供给与需求情况调研，形成了澜沧江-湄公河国家清洁炉灶供给项目调研报告。受国家能源局委托，如期完成能源行业标准制定。组织参与中国工程院《可再生能源法》中太阳能热利用实施情况评估，提出对可再生能源法评估——太阳能热利用分报告及太阳能热利用总报告的修改建议。编制《中国太阳能热利用行业运行状况报告》，并报送国家能源局。

四、组织开展行业标准制修订

组织申报20项能源行业标准项目计划，其中制定标准16项、修订标准4项。完成7项太阳能行业标准、5项空气源热泵行业标准及4项炉具行业标准修订征求意见工作。发布了9个标准清洁低碳、安全高效能源领域的行业标准。自2010年起，共有106项农村能源标准被国家能源局批准列入标准编制计划，其中74项能源行业标准完成编制报批并颁布实施，包括生物质炉具和生物质成型燃料能源行业标准25项、空气源热泵12项、太阳能热利用29项、太阳能光伏8项。

2019年协会制修订国家标准或行业标准

发布日期	标准编号	标准名称	备注
2019.6.4	NB/T 10150—2019	北方农村户用太阳能采暖系统技术条件	制定
2019.6.4	NB/T 10151—2019	北方农村户用太阳能采暖系统性能测试及评价方法	制定
2019.6.4	NB/T 10152—2019	太阳能供热系统节能量和环境效益计算方法	制定
2019.6.4	NB/T 10153—2019	太阳能供热系统实时监测技术规范	制定
2019.6.4	NB/T 10154—2019	家用直膨式太阳能热泵热水系统技术条件	制定
2019.6.4	NB/T 10155—2019	家用直膨式太阳能热泵热水系统试验方法	制定
2019.6.4	NB/T 10156—2019	空气源热泵干燥机组通用技术规范	制定
2019.6.4	NB/T 10157—2019	热泵干燥用涡旋式制冷剂压缩机	制定
2019.6.4	NB/T 10158—2019	空气源热泵果蔬烘干机	制定

2019年协会开展技术鉴定、技术评审项目

时间	项目名称	参与单位	地点
2019.1.21	空气源热泵干燥机组通用技术规范、热泵干燥用涡旋式制冷剂压缩机、空气源热泵果蔬烘干机等3个标准技术评审会	中国节能协会等	上海
2019.7.20	鹤壁市浚县生物质炉具清洁取暖评审	中国农村能源行业协会民用清洁炉具专业委员会	浚县
2019.7.20	鹤壁市淇县生物质炉具清洁取暖评审	中国农村能源行业协会民用清洁炉具专业委员会	淇县
2019.7.23	阳信生物质产业发展研讨及供热项目评议	中国农村能源行业协会民用清洁炉具专业委员会	阳信
2019.12.7	太阳能热利用系统采购技术规范6个系列标准、中温玻璃-金属封接式真空直通太阳集热管标准技术评审会	中国农村能源行业协会太阳能热利用专业委员会等	济南
2019.12.27	清洁采暖炉具和小型生物质锅炉4个标准技术评审会	中国农村能源行业协会民用清洁炉具专业委员会等	北京

农业野生植物保护

开展资源调查与收集

2019年，农业农村部继续组织开展农业野生植物资源调查与抢救性收集；针对野大豆、兰花、野苹果等珍稀农业野生植物资源开展调查，全年完成调查面积297万亩，调查物种近168种，调查采集样本数量3 229份，评价鉴定资源395份。

北京、河南、陕西、吉林、广西等地均有新发现珍稀物种。北京新发现北京特有、珍稀兰科植物北京无喙兰，野外分布28株。陕西省组织对兰花、百合等珍稀植物开展调查，在铜川地区首次发现无喙兰分布，为陕西野生植物增添了一个新成员，也使该植物的分布区向西扩展了4个经度，大约400千米。吉林省抢救性搜集大花杓兰、山兰、小花蜻蜓兰、二叶舌唇兰等兰科植物348株，调查了朝鲜崖柏、关木通、猕猴桃等10种农业珍稀野生植物。广西壮族自治区在桂林市资源县完成了农业野生植物资源调查和抢救性收集，新掌握了野生茶、野生猕猴桃、野生石梨子、野生芭蕉、野生树莓、野生山楂6个农业野生植物品种共计160个资源分布点位，收集农业野生植物资源材料6个品种共170份。

农业农村部与国家林业和草原局重新启动了《国家重点保护野生植物名录》修订工作。6月，双方组织专家开展《名录》修订预研；12月，两部门联合召开了《名录》修订研讨会。来自中国科学院、中国农业科学院、中国热带作物科学院、华中师范大学、河南农业大学等科研院校及农业农村、林草主管部门的相关人员共34人参加了研讨会，会上成立了由19位专家组成的《名录》审核委员会，选举产生了正、副主任

委员，对拟定的《名录》进行了研究、讨论、修订，形成了正式《名录》。

国家重点保护野生植物名录修订研讨会

专栏1：重庆市开展农业野生植物资源调查与搜集

重庆市农委组织市农科院、市畜科院、西南大学等单位的相关专家，在位于渝东褶皱地带的石柱土家族自治县，开展农业野生植物资源调查与搜集工作，搜集到24个科34个属的47种农业野生植物资源，包括观赏、果树、经济、粮食、药用5大类农业野生植物。其中，不乏一些珍稀的农业野生植物资源，某些品种为石柱县首次发现，极其珍贵。

农业野生植物资源野外调查
（重庆市石柱土家族自治县黄水山区）

专栏2：吉林省组织开展农业野生植物调查与保护

2019年，吉林省农业环境保护与农村能源管理总站选择长白县、集安市等6个重点县（市），对长白山区的东北茶藨、猕猴桃、刺五加、五味子、山兰、大花杓兰、小花蜻蜓兰、二叶舌唇兰、长苞头蕊兰、手掌参、羊耳蒜等国家重点保护农业野生植物资源的分布情况、生存现状等进行了调查。调查表明，吉林省山兰、大花杓兰等野生兰科植物数量十分稀少，有些已濒临灭绝。为保护大花杓兰等珍稀兰科植物，开展了抢救性搜集，共迁地保护山兰、大花杓兰、小花蜻蜓兰、二叶舌唇兰、长苞头蕊兰、手掌参、羊耳蒜等珍稀兰科植物500余株，成活率在90%以上。

开展农业野生植物调查

专栏3：湖南省开展农业野生植物原生境保护区（点）科学调查

2019年，湖南省农作物种质资源保护与良种繁育中心和湖南农业大学等单位组织专家对怀化市鹤城区野生杜鹃原生境保护点等12个保护点内的野生植物及其生境保护情况进行了实地考察和调研，基本掌握了保护点的农业野生植物分布、物种群数量及变动趋势、野生植物及其生境受威胁因素及程度等现状；在此基础上，开展了珍稀濒危农业野生植物资源的收集、异地保护（保存、繁育等）与驯化、监测、科普等工作。截至2019年底，已收集保护了10多种珍稀濒危农业野生植物资源，初步建成了湖南省农业野生植物资源异位保护圃。

对湖南省麻阳苗族自治县野生宜昌橙原生境保护区开展调研

完善监测手段

2019年，全国23个省（自治区、直辖市）农业农村环保部门对已建立的原生境保护点进行了科学监测，完成了140个原生境保护点的常规监测工作。

各地不断完善农业野生植物资源调查监测手段，信息化、无人机、卫星遥感等新技术手段不断出现，资源监测工作信息化水平明显提升。湖南、湖北、河北等省份探索建立农业野生植物原生境保护区（点）信息化监测网络；其中湖北省的信息化监测系统，实现了省内农业野生植物原生境保护点100%覆盖，并绘制了原生境保护点的数字化地图。此外，福建、广东等省份开始探索利用无人机技术开展农业野生植物调查监测，并取得了良好效果。

加强原生境保护

2019年，中央投资7 197万元，在新疆、四川、河北、湖南、湖北5个省份新建农业野生植物原生境保护区（点）9个，对保护区（点）内的野生猕猴桃、野生茶、穿龙薯蓣、管花肉苁蓉等珍稀濒危农业野生植物进行了保护。截至2019年底，中央累计投资3.82亿元，建设了214个原生境保护点，保护面积36.29万亩，涉及28个省（自治区、直辖市）200个县级行政区，保护野大豆、野生稻、小麦野生近缘植物、野生莲、野生柑橘等69个珍稀濒危野生植物物种。

项目建设省份	中央投资（万元）	保护区（点）数量	保护物种类别
新疆	1 000.00	2	管花肉苁蓉
四川	1 075.00	1	野生猕猴桃
湖北	1 562.00	1	野生茶
河北	2 160.00	2	穿龙薯蓣、甘草
湖南	1 400.00	3	野生稻、兰花、宜昌橙
合计	7 197.00	9	

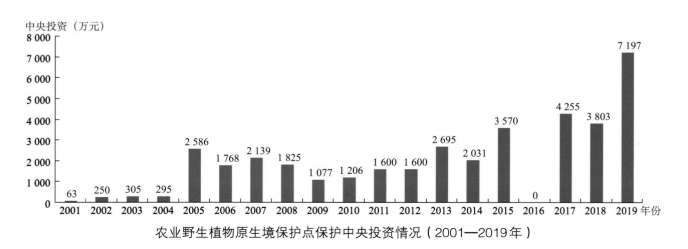

农业野生植物原生境保护点保护中央投资情况（2001—2019年）

部分省份对原生境保护点加强了管护和日常监测工作。广西壮族自治区继续开展农业野生植物原生境保护点管护及监测预警，完成13个农业野生生物资源原生境保护点的日常管护及资源环境监测预警工作，并在部分保护点所在县域开展了非保护点内资源的迁移保护试点。监测报告显示，原生境保护点自然生态环境保持良好，保护目标物种资源量总体稳定，其中有4个野生稻保护点资源量同比明显增加。

专栏4：河北省新建穿龙薯蓣、甘草等原生境保护点

2019年，河北省申报、新建围场满族蒙古族自治县、磁县农业野生植物（穿龙薯蓣、甘草）原生境保护区（点）建设项目2个，保护面积3 231亩；其中，磁县野生穿龙薯蓣（连翘、知母、黄精、半夏、远志）原生境保护点1 536亩，围场县野生甘草（草麻黄、大花杓兰、野罂粟）原生境保护点1 695亩。磁县保护点重点保护国家级保护植物穿龙薯蓣及省级保护植物连翘、知母、半夏、黄精、远志；围场县保护点重点保护国家级保护植物甘草、草麻黄、大花杓兰及省级保护植物野罂粟等。

专栏5：广西举办中国（广西）－东盟野生茶树资源保护与开发利用论坛

9月20日，广西壮族自治区农业农村厅、中国-东盟博览会秘书处在南宁市共同主办中国（广西）-东盟野生茶树资源保护与开发利用论坛，以"保护生态，信息共享；资源利用，合作共赢"为主题，邀请柬埔寨、老挝、马来西亚、缅甸、泰国、越南等国家和地区的专家及企业代表作主题发言，分别就各国、各地区野生茶树资源保护与开发利用的情况进行介绍，从野生茶树的原生境保护、遗传改良、开发利用、市场分析、与扶贫产业结合等方面进行了学术分享，并对如何推进野生茶树资源保护与合理开发利用、探索实现资源保护与经济发展双赢模式进行热烈交流研讨。来自东盟6国、台湾地区等的国内外从事野生植物保护工作的领导、专家、企业代表230人参加了论坛。

东盟野生茶树资源保护与开发利用论坛

外来入侵生物防治

组织开展调查监测

2019年，农业农村部组织全国16家省级政府购买服务单位与部属科研单位对薇甘菊、紫茎泽兰、刺萼龙葵、少花蒺藜草、豚草、三裂叶豚草、加拿大一枝黄花、水葫芦、大藻、互花米草、银胶菊、苏门白酒草、假臭草、野燕麦、印加孔雀草、马缨丹16种入侵植物，以及福寿螺、大口黑鲈、罗非鱼、豹纹脂身鲶、椰心叶甲、椰子织蛾、红棕象甲、海枣异胸潜甲、水椰八角铁甲、苹果蠹蛾、红火蚁、克氏原螯虾、马铃薯甲虫13种入侵动物开展了调查监测。全年共计调查发生面积达7 120多万亩，相关各省新增省、区级固定监测点共133个。重

庆等11个省份共发现当地新发入侵物种14种，一些已发生入侵物种的面积还处于进一步扩散中。其中，湖北省首次在三峡库区记录到了入侵物种豚草，至此豚草已经入侵全省17个地市；福寿螺随着稻田养殖面积的增大，大面积入侵农田水系，仅荆州市就增加了30万亩，对农业生产和水产养殖造成了很大的危害。重庆市首次确认悬铃木方翅网蝽、红棕象甲在万州区发生。截至2019年底，我国外来物种数据库累计物种数已达800余种，经确认的入侵性物种有645种。对近20年入侵我国农林生态系统的外来物种发生趋势统计分析表明，我国农林生态系统新增入侵外来入侵物种90种，每年平均新增4～5种外来物种。

部分省（直辖市、自治区）地方新发入侵物种情况表

省（直辖市、自治区）	新发入侵物种	新增入侵物种危害面积（万亩）	监测点数量
天津	刺果瓜	0.000 9	-
河北	刺苍耳	0.05	4
山西	黄顶菊、印加孔雀草	0.02	26
内蒙古	豚草	0.015	9
山东	大藻	零星分布	-
河南	三裂叶薯、合被苋	零星分布	24
广西	薇甘菊	零星分布	14
重庆	悬铃木方翅网蝽、红棕象甲	1.81	3
贵州	三裂叶豚草	0.58	15
陕西	刺苋	1.62	7
四川	大爪草	零星分布	31
合计	-	4.10	133

2019年，农业农村部对南方11省份20处重点水域入侵植物（水花生、水葫芦和大藻）开展遥感监测。监测显示，入侵暴发点总数量为2 938处，入侵暴发总面积为272.35平方千米，入侵阻塞河段总长度为281.56千米。从发生趋势

看，1～4月由于气温较低，入侵植物总体生长面积较小；5～9月随着气温上升，入侵植物总体生长面积大幅增加。在20处重点水域中，江苏大纵湖、湖北洪湖、云南滇池等地水葫芦、水花生、大藻等入侵较为严重，全年总计分布面

积均在10平方千米以上。其中，湖北洪湖水生入侵植物生长监测面积最大，高达199.65平方千米；上海淀山湖、湖南白芷湖、广东惠州东江等地监测到少量水花生、水葫芦生长，全年总计分布面积在5平方千米左右；上海苏州河、江西萍水河、贵州锦屏清水江-乌下江等地水葫芦、大薸入侵植物防控工作成效显著，几乎未监测到其生长迹象，全年总计分布面积在0.1平方千米以内。

2019年，全国重点调查的30种外来入侵物种，除少花蒺藜草重度发生以外，总体处于中度发生状态；按区域划分，西南地区和北方农牧交错区为外来入侵物种发生较重地区。

河北省调查了张家口、石家庄等7个主要的市区与相邻区县，涉及13个区县，调查总面积153 472亩；黄顶菊、印加孔雀草、刺萼龙葵3种外来入侵植物发生面积达25 221亩。全省整体属于轻度发生状态。

内蒙古自治区兴安盟、通辽市等5个盟市的16个旗县区少花蒺藜草入侵发生面积1 924.3万亩，较2018年增加了5.6万亩；赤峰市、呼和浩特市、包头市等6个盟市的18个旗县区刺萼龙葵入侵发生面积177.2万亩，较2018年增加了19.6万亩。全区设立9个长期定位监测点，整体处于较重度发生危害区。

黑龙江省调查发现豚草主要分布于牡丹江、哈尔滨等地区，面积约12万亩；刺萼龙葵发生面积较少，仅在肇源地区发现214亩；假苍耳的入侵面积约9 990亩。

甘肃省设立12个固定监测点，监测全省苹果蠹蛾发生面积为22.5万亩，属于轻度发生；野燕麦发生面积下降43.20%。

四川省设立监测点31个，调查紫茎泽兰、

水花生、三裂叶豚草、假臭草、福寿螺5种外来入侵有害物种面积1 870万亩，监测显示三裂叶豚草呈快速蔓延态势。

贵州省开展对贵阳、安顺等9个市（州）的外来入侵物种调查，调查面积10.5万亩，总体属于重度发生，其中新发外来入侵物种有豚草、三裂叶豚草和加拿大一枝黄花，面积300～5 000亩不等，属于零星分布状态。

广东省调查红火蚁、福寿螺、薇甘菊、水葫芦和马缨丹等外来物种面积40万亩，经评估，薇甘菊入侵导致了部分土著伴生植物物种群落重要值下降20%～30%。红火蚁、福寿螺、薇甘菊、水葫芦对周边27个村造成经济损失1 539万元；其中，红火蚁造成经济损失1 388万元、水葫芦72.9万元、薇甘菊42.5万元、福寿螺33.6万元。

福建省调查互花米草面积12.09万亩、水葫芦面积1.38万亩，设置互花米草监测点2个。

广西壮族自治区组织开展外来入侵生物调查、监测预警与综合防治，在东兴市等7个边境县（市）开展陆域边境地区外来物种监测，建立监测区7个，设置监测样方112个，定期开展样方监测和踏查监测工作。

云南省对薇甘菊、紫茎泽兰、银胶菊等外来物种的调查面积达30万亩，其中在德宏、红河、普洱、西双版纳的口岸调查发现58种入侵物种。

海南省调查监测首次发现红火蚁已随苗木草皮等传入南沙群岛，给当地军民带来较大危害。

宁夏回族自治区对刺苍耳等10种外来入侵生物的发生、危害情况进行了监测，监控面积160万亩。调查发现吴忠市、中卫市刺苍耳危害面积80万亩，集中示范灭除150亩，恢复耕地1 500余亩。

广东省调查薇甘菊

四川省调查三裂叶豚草

内蒙古自治区调查少花蒺藜草

云南省开展紫茎泽兰调查

宁夏回族自治区开展刺苍耳铲除后现场复查

专栏6：贵州省开展主要外来入侵物种定点监测

贵州省在全省范围开展紫茎泽兰、空心莲子草、福寿螺等重大危害外来入侵物种调查，调查区域涉及贵阳、安顺、六盘水、遵义、黔西南、黔东南、黔南、铜仁、毕节9个市（州），调查轨迹31条，总长度3 200千米，涉及面积7 000公顷（105 000亩）。对全省入侵程度最严重、入侵面积最大的紫茎泽兰、空心莲子草、福寿螺进行监测，监测范围包括已建立的15个固定监测区和具有扩散趋势的部分县域。其中，15个固定监测点分为重灾区、一般入侵区和潜在入侵区，面积共28 807.93公顷（432 118.95亩）；具有扩散趋势的部分县域包括平塘、惠水、平坝，监测面积共769.6公顷（11 544亩）。

贵州省定点检测紫茎泽兰

贵州省15个固定监测区面积表

序号	入侵监测物种	监测地点	监测面积（公顷）	类型
1	紫茎泽兰	晴隆县光照镇灵官箐村	357.89	重灾区
2	紫茎泽兰	关岭县上关镇冬足村	613.51	重灾区
3	紫茎泽兰	册亨县岩架镇至望谟县S312道路	2 683.82	重灾区
4	紫茎泽兰	水城县猴场乡猕猴桃园区	914.63	重灾区
5	紫茎泽兰	毕节市七星关区小吉场镇	1 127.69	潜在入侵区
	小计		5 697.54	

（续）

序号	入侵监测物种	监测地点	监测面积（公顷）	类型
6	空心莲子草	威宁县草海湿地	334.42	重灾区
7	空心莲子草	湄潭县永兴茶场	929.37	一般入侵区
8	空心莲子草	金沙县官田乡官田村	530.53	一般入侵区
9	空心莲子草	镇远县羊坪镇羊坪水域	3 793.29	一般入侵区
10	空心莲子草	贵阳乌当区下坝镇谷定村	337.14	一般入侵区
11	空心莲子草	石阡县中坝镇河西村	514.81	潜在入侵区
	小计		6 439.56	
12	水白菜、凤眼蓝	锦屏县三板溪水库	2 584.28	一般入侵区
13	水白菜、凤眼蓝	天柱县白市水域（清水江）	13 247.15	一般入侵区
	小计		15 831.43	
14	福寿螺	贵阳市阿哈湖水库	697.96	重灾区
15	福寿螺	平塘县卡蒲乡场河村	141.44	重灾区
	小计		839.40	
	合计		28 807.93	

专栏7：我站对闽清水口水电站河段水葫芦入侵状况开展监测

监测显示，闽清水口水电站河段水葫芦分布面积比较稳定，整体控制在0.5平方千米以下。其中，1月份在所有月份中暴发面积最大，为0.86平方千米，暴发点数量为28处，暴发水域长度为3.28千米。

福建闽清水口水电站河段水葫芦等植物入侵暴发状况表

时间	1月	2月	3月	4月	5月	6月	7月	8月	9月	10月	11月	12月
覆盖面积（平方千米）	0.86	—	0.21	—	0.11	0.13	0.13	0.04	0.05	0.03	0.36	0.37
暴发水域长度（千米）	3.28	—	3.16	—	0.32	2.97	1.26	0.67	1.07	0.81	2.75	3.38
暴发点（个）	28	—	19	—	3	23	9	7	7	11	12	18

注：—表示数据缺失。

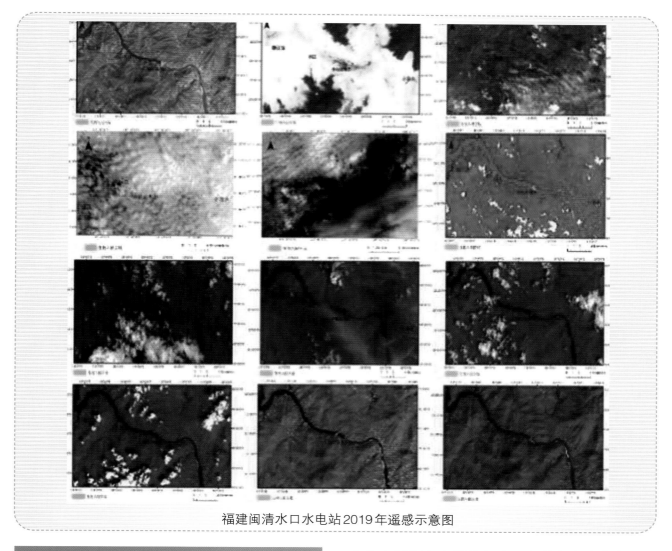

福建闽清水口水电站2019年遥感示意图

加强外来入侵生物防控

一、健全完善入侵生物防控制度

农业农村部积极推动将对外来入侵物种管理纳入生物安全法，并将形成的相关法律条文上报有关单位；而后，组织专家对《生物安全法（草案）》征求意见稿中外来物种入侵管理体制进行了研究，提出了修改意见。多次组织实地立法调研，继续完善第二批国家重点管理外来入侵物种名录，对拟列入的入侵物种开展综合防控措施研究，推动将《外来物种管理条例》立法纳入2020年的国务院立法计划。

二、组织开展外来入侵物种集中灭除活动

2019年7月19日，农业农村部科技教育司、农业农村部生态总站与中国农学会在内蒙古自治区通辽市举办第二期国家重点管理外来入侵物种防控技术培训班暨全国外来入侵物种刺萼龙葵现场灭除活动。李少华副站长等领导参加活动并讲话，相关专家就北方农牧交错区有害杂草生态治理、国际生物安全观下的生物入侵防控行动等内容进行了培训，并开展了现场人工铲除活动，演示了机械化铲除、机械喷洒和无人机精准喷洒除草剂等新型灭除方式。现场灭除刺萼龙葵约600亩，辐射周边灭除6 000亩，辅助以紫花苜蓿、燕麦等物种的替代，灭除效果超过90%。全国15个省的参训学员及当地农民约120多人参加了培训和现场灭除。

农业农村部在内蒙古自治区开展刺萼龙葵集中灭除

各相关省份全年累计开展外来入侵物种综合防控示范面积420多万亩，重点推广外来入侵物种天敌生物防治与替代控制关键技术，灭除率达80%以上。

河北省防治黄顶菊、印加孔雀草、刺萼龙葵共计21 195亩，针对北部地区快速蔓延的刺萼龙葵，集中在张家口经开区灭除1 623亩，在尚义县灭除298亩。

辽宁省推广少花蒺藜草高效化学防控技术，防控示范面积1万亩，灭除率达到87%。

浙江省推广物理拦截、稻田养鸭、农艺与化防等福寿螺综合防控技术，以及空心莲子草天敌生物防治技术等，防控示范面积1.3万亩；在衢州市建立8 000亩福寿螺综合防控示范区，采取农艺防治和化学防治相结合，防控率达85%以上。

江西省开展福寿螺防控技术集成与示范，综合比较纱网阻截控螺、旋耕灭稻鸭共育药剂防治和水分调控抑螺等技术的防治效果差异，并进行集成示范，示范推广面积10 500亩。

湖北省推广水花生生物防治技术，水花生入侵面积显著减少，仅江汉平原就减少了50余万亩；在鄂州市梁子湖区建设面积500平方米的叶甲越冬基地，填补了鄂东地区无叶甲基地的空白。

安徽省组织开展"水花生、水葫芦、加拿大一枝黄花"等主要外来入侵生物的调查，在巢湖市开展加拿大一枝黄花现场铲除活动，举办全省外来入侵生物防控和野生植物保护培训班；在芜湖市、宣城市、旌德县分别召开防除加拿大一枝黄花现场会。

广西壮族自治区采用种植有益植物替代外来入侵生物种植、果（茶）园以草控草试点等方式综合防控外来入侵生物，在来宾市兴宾区豚草多发区种植象草，在覃塘、右江、德保3个县（区）利用野生茶开展竞争替代种植试验，控制豚草、紫茎泽兰、薇甘菊等外来入侵生物的发生、蔓延；在全区开展以草控草防控外来入侵生物，累计防控示范面积超过50亩。

专栏8：浙江省台州市开展福寿螺防治灭除示范

    浙江省台州市黄岩区在福寿螺调查范围内建立了3 090亩防控示范区，采用农艺、物理、生物、化学等方式防治福寿螺。在化学防治方面，采用6%四聚乙醛（密达）撒施和45%三苯基乙酸锡（百螺敌）喷雾方式，施用面积3 091亩；在农艺防治方面，通过水稻移栽后保持低水位、实行水旱轮作、清除水稻田边沟渠的淤泥和杂草等方式防治福寿螺；在人工防治方面，通过人工捕捉福寿螺和摘卵拾螺等方式进行灭除；在生物防治方面，通过稻田养鸭方式，让鸭捕食福寿螺。

茭白田插杆诱螺

稻田人工捡螺

河沙拌药灭杀福寿螺

秧田撒药灭杀福寿螺

加强科研推广与科普宣传

    2019年，农业农村部生态总站与中国农业科学院农业环境与可持续发展研究所（以下简称中国农科院环发所）合作开展刺萼龙葵入侵内蒙古地区途径及区域分布范围专题研究。研究表明，刺萼龙葵入侵内蒙古地区的途径为赤峰-通辽-兴安盟、呼和浩特市托克托县-包头市东河区-乌拉特前旗、呼和浩特市赛罕区-土默特左旗-包头市土默特右旗-固阳县3条主线，为进一步做好防控和监测预警奠定了数据基础。

中国农科院环发所针对入侵我国的恶性杂草空心莲子草、少花蒺藜草、刺萼龙葵、薇甘菊、豚草等开展了监测预警与综合治理技术研究，在北方农牧交错区推广应用刺萼龙葵、少花蒺藜草无人机精准变量施药新技术，节省农药40%～70%，功效提高15倍；在四川推广示范"以草治草"替代果园入侵杂草的技术，实现对入侵杂草的周年控制，节省防控成本40%以上，取得良好的示范效果。

中国热带农业科学院开展以释放天敌椰甲截脉姬小蜂及椰心叶甲啮小蜂为主、挂椰甲清药包为辅的椰心叶甲综合治理大面积防治示范，释放天敌姬小蜂1 000万头及啮小蜂400万头，涉及大王棕等棕榈科植物9 000株，防治效果良好。

针对近些年全国外来入侵物种防控开展的成效，农业农村部组织专家在《人民日报》连续刊登3期宣传文章——《当外来物种登陆以后》《制服水花生甲虫帮大忙》《虫虫大作战椰林生机现》。

中国农科院参与拍摄的《走近科学——治理水花生》纪录片在中央科学频道播出，并出版"外来入侵生物防控系列丛书"3本。

中央农业广播电视学校录制远程在线教育培训节目《外来生物入侵现状及防控技术》《我国外来水生动物分布现状及生态风险防控》《草地贪夜蛾发生危害与防治技术综合防控技术与策略》等5期，参与观看培训近6万人次。

人民日报对外来入侵物种防控宣传报道

农业面源污染防治 🔍

开展农业面源污染例行监测

2019年，农业农村部综合考虑农田氮、磷污染发生规律，以及地形、气候、土壤、作物种类与布局、种植制度、耕作方式、灌排方式等情况，于全国布设241个农田氮磷流失监测点，其中地表径流点位165个、地下淋溶点位76个，分析不同种植模式下区域主推耕作方式、施肥措施等对农田氮磷流失的影响。监测指标为产流量、总氮、总磷、硝态氮、铵态氮、可溶性总氮、可溶性总磷等。同时，在全国选取2万个典型地块，开展地块面积、肥料、农药、耕作方式、灌溉等调查统计工作。全国涉农县报送全县耕地和园地面积、规模种植主体的数量及面积、主要作物播种面积、县（区、市、旗）坡地和平地主要种植模式、单项减排措施和综合减排措施的面积等基量数据。农业面源污染监测网络已经基本实现制度化、常态化运行，为全国农业面源污染防治工作提供了科学、有效的参考依据。

湖北省印发《关于做好农田氮磷流失监测工作的通知》，积极组织、协调与督导完成全省农田氮磷流失监测工作；组织相关农田氮磷流失监测国控点项目负责人和技术骨干赴潜江市开展农田氮磷流失监测交流学习活动；对6个农田氮磷流失监测国控点配备排灌大数据采集模块、视频监控等物联网监测设备，开发全省农业生态环境监测数据管理分析系统，推进农业生态环境监测"一张网"工作。

江苏省印发《关于加强江苏省农田氮磷流失监测工作的通知》，进一步加强监测质量控制、设施运行维护和数据整理分析，规范档案管理；编写监测质控计划，委托第三方实施样品抽检复测；建立完善监测质控工作机制；组织召开农田氮磷流失监测项目方案论证会，邀请省内外专家就新点建设内容及处理设置、利旧点修缮方案等评审研讨。

江苏省召开农田氮磷流失监测项目方案论证会

宁夏回族自治区围绕"1+5+5+X"特色优势产业和农业生产的实际情况，在全区布设氮磷流失监测点14个，对小麦、玉米、马铃薯、蔬菜等主要农作物耕地肥料流失情况进行监测；全年共采集样品1 893个，化验项目7项，获得数据12 219项。监测数据表明：灌溉量是影响淋溶量的主要因素，施肥量是影响淋溶水中氮磷浓度的主要因素，节水灌溉、减量施肥可显著降低氮磷流失量，提高作物利用率。

宁夏回族自治区举办玉米氮磷流失监测
现场观摩培训会

广西壮族自治区持续开展农田土壤及农产品重金属污染定位预警监测。全区共布设监测点位6 646个（其中国控例行监测点位2 062个），安排采集土壤样品3 650个（国控687个、省控2 963个）、农产品样品6 646个（国控1 303个、省控

5 343个），采集土壤及农产品样进行检测；检测内容涉及砷、镉、铬、汞、铅、铜、锌、镍8种重金属含量，以及土壤pH、有机质、阳离子交换量（CEC）、机械组成4种土壤理化性质。在此基础上开展土壤、农产品重金属污染评价工作。

专栏9：广西开展农田氮磷流失监测

广西壮族自治区组织开展农田模式与典型地块抽样调查，完成109份种植业县级基本情况调查和800份典型地块抽样调查；开展种植业原位监测，完成11个种植业地表径流原位监测点的监测，监测到降雨1 674次，采集395批次雨水样、1 016个径流水样、270个植株样和198个土壤样，获得15 196个数据；开展农田氮磷流失在线自动监测，做好灵川县等10个县（市、区）的农田氮磷流失在线自动监测站点及配套建设的10个田间气象自动在线监测站的运行管理，获取监测区域气候条件和降雨情况等实时数据，对总氮、总磷、氨氮、pH、混浊度等指标实施在线自动监测。

农业农村部生态总站高尚宾副站长到田东县调研农田氮磷流失监测情况

完成第二次全国污染源普查

按照国务院办公厅《第二次全国污染源普

查方案》的要求，农业农村部生态总站组织各地继续在种植业、畜禽养殖业、水产养殖业原位监测点开展周年监测，获取农业源主要水污染物产生和排放系数，在地膜残留原位监测点开展残留量和残留系数测算，在秸秆产生量原位监测点测算秸秆谷草比，进一步完善产排污系数。组织专家开展数据质量控制技术指导，完成农业源产排污系数核算，配合生态环境部对种植业、畜禽、水产、秸秆、地膜五大专题系数手册进行专家论证，通过会商确定了农业源普查污染排放量，参与形成了第二次全国污染源公报，并将公报上报国务院审定。

3月17～19日，农业农村部科技教育司、农业农村部生态总站在广西壮族自治区南宁市举办全国农业污染源普查数据审核培训班，邀请中国农业科学院、中国水产科学研究院、农业农村部规划设计院等有关专家就种植业、畜禽养殖业、水产养殖业、地膜、秸秆抽样调查和原位监测、质量保证、质量控制及数据批量审核数据模块操作进行了专题技术培训与现场答疑、交流。高尚宾副站长出席开班式并讲话。来自各省（自治区、直辖市）和计划单列市农业（生态）环保站、农村能源站（办）、农业污染源普查机构的相关负责人及技术骨干200余人参加培训班。

全国农业污染源普查数据审核培训班

各地积极配合完成第二次全国农业污染源

普查相关工作。广西壮族自治区加强数据审核和现场抽样质控核查，召开专家论证会，对全国调查数据和普查数据进行审核论证，并在全区抽取19个县次进行现场核查，形成质控报告。宁夏回族自治区及时完成了2019年补充监测任务及各专题的信息报表与入户普查工作，共填报各类调查信息52万余条，获分析化验数据20 453项次，普查任务完成率100%、普查入户率100%、报表审核率100%。安徽省加强调查普查数据审核，审核了种植业102份抽样调查表，抽取审核了4 975份典型地块抽样调查表；全面审核了2 013份畜禽养殖业抽样调查表、646张秸秆抽样调查表和263张水产养殖业抽样调查表，先后6次开展了现场审核，普查质控质量良好。

广西壮族自治区第二次全国农业污染源
普查数据专家论证会

宁夏回族自治区第二次全国农业污染源普查入户核查

推进重点流域农业面源综合治理

2019年，国家发展和改革委员会同农业农村部启动实施长江经济带农业面源污染治理专项，选择重点区域和环境敏感区域，按照"整县推进、突出重点、综合治理、地方为主、中央补助"的思路，支持位于长江流域中西部省份的53个县，以县为单位，以畜禽养殖污染治理为重点，系统设计治理方案，完善治理工作机制，全面加强污染源头减量、过程控制和末端治理。项目建设期为2年。项目建成后，示范区内农业农村面源污染得到有效治理，种养业布局得到进一步优化，农业农村废弃物资源化利用水平明显提高，绿色发展取得积极成效，对流域水质的污染显著降低。同步建立可持续的工程建后管护运营长效机制，打造长江经济带农业面源污染治理示范区。

9月26～27日，国家发展和改革委员会同农业农村部在湖北省安陆市召开长江经济带中西部省份农业面源污染治理工作现场会。会议部署安排长江经济带农业面源污染治理工作，参会人员交流了经验做法。会议强调，各地要强化责任落实，省级农业农村部门要建立定期调度、协商推进的工作机制，明确专人专班负责；项目县要切实履行好主体责任，全面参与项目建设和监督管理，确保工程建好、任务落实。同时，会议强调要强化工程建设，做好项目规划设计和方案编制，严格招投标程序，加强项目建设施工质量等。要充分调动农民和企业的积极性，组织和发动广大农民参与治理，积极培育治理第三方和市场主体。要强化技术支撑，利用好相关单位和专家的智力资源，实地对接、指导参与各省的农业面源污染治理工作。要强化监督考核，建立定期会商检查机制，加强工程建设资金和质量监管，用数据说清楚污染状况、说清楚污染治理成效。

长江经济带中西部省份农业面源污染治理工作现场会

浙江省农业农村厅成立新安江流域生态补偿机制十大工程（涉农）工作联席会议工作小组，推深做实新安江流域生态补偿机制涉农工程，召开新安江流域生态补偿机制（涉农）"四项工程"建设推进会，安排部署相关工作，并赴黄山市调研对接新安江流域生态补偿机制（涉农）四项工程建设工作。省农业农村生态与能源总站积极协调对接黄山市和相关单位，印发了《新安江流域化肥农药替代工程绿色特色农业发展工程农村环境整治工程畜禽规模养殖提升工程实施方案》，积极部署、持续推动落实（涉农）四项工程建设。

专栏10：重庆市开展全程农业清洁生产综合示范

2019年，重庆市在忠县实施全程农业清洁生产综合建设项目，示范面积300亩，示范区以流域为单位，建设农田生态循环水网，实施农村污水、垃圾无害化处理，开展农田水环境质量实时监测预警，控制和减少化肥、农药投入。形成了农田设施生态、产业布局优化、生产清洁可控、废物循环利用、产品优质高效、田园景观优美的区域农业绿色产业模式，实现了化肥、农药零增长，污水、垃圾无害化处理率100%，秸秆、尾菜、畜禽粪污、农用地膜资源化利用率100%。

重庆市忠县农业清洁生产综合建设项目

地膜回收利用

强化地膜回收法治管控

2019年1月1日起正式施行的《中华人民共和国土壤污染防治法》，提出加强农用薄膜使用控制，落实各主体回收废弃农膜的法律责任，明确农业投入品生产者、销售者和使用者应当及时回收农用薄膜。

6月，农业农村部、国家发展和改革委员会、工业和信息化部、财政部、生态环境部、国家市场监督管理总局6部委印发《关于加快推进农用地膜污染防治的意见》，提出到2020年，建立工作机制，明确主体责任，回收体系基本建立，农膜回收率达到80%以上，全国地膜覆盖面积基本实现零增长；到2025年，农膜基本实现全回收，全国地膜残留量实现负增长，农田白色污染得到有效防控。要求加快法律法规制定，建立地方负责制度、使用管控制度、监测统计制度、绩效考核制度，规范企业生产行为、强化市场监管、推动减量增效、强化回收利用，推动农田地膜污染防治各项工作落实。

7月，生态环境部会同农业农村部、自然资源部联合印发《关于贯彻落实土壤污染防治法推动解决突出土壤污染问题的实施意见》，要求农业农村相关部门要加强农药、肥料、农膜等农业投入品使用管理，控制和减少农业生产活动对耕地造成的污染。

各地认真贯彻《聚乙烯吹塑农用地面覆盖薄膜》强制性国家标准，提高地膜厚度、强度、耐候期，大力推广普及标准地膜，坚决打击非标地膜生产、销售和使用，从源头保障了地膜可回收。

继续实施农膜回收行动

2019年，农业农村部组织了实施农膜回收行动，印发《农膜回收行动方案》，部署开展农膜回收相关工作，中央财政转移支付约投入5亿元用于农膜回收示范县建设。农膜回收行动以棉花、玉米、马铃薯为重点作物，以甘肃、新疆、内蒙古为重点区域，建设了100个农膜回收示范县，重点补助扶持农膜回收体系建设，建立健全回收网络，引导种植大户、农民合作社、龙头企业等新型经营主体开展农膜回收，提高农膜回收加工利用水平。以西北地区为重点，扶持建设回收加工企业400余家、回收网点3 000余个，初步建立了"政府引导、市场主体"的农膜回收加工体系。

各地也积极推进农膜回收利用工作，不断健全回收利用体系。河北省利用中央资金500万元，在崇礼区实施了地膜回收示范项目，建设了10个废旧地膜回收网点，完成了5万多亩覆膜耕地的废旧地膜回收任务，地膜回收率达到80%以上。陕西省延安市选择洛川、延长、富县、宜川、黄陵5个县开展反光膜回收试点，探索废弃反光膜回收处理方式，着力构建"田间回收有网点、产业发展有龙头"的工作模式，全力破解废弃反光膜治理困境，走出了一条政府组织、财政扶持、乡村收购、企业加工的政企联手生态高效新路子，5个试点县共建立废弃农膜回收网点288个，带动全市建成废弃农膜回收点、垃圾兑换银行326个，回收地膜、反光膜10 209.18吨。

2018年，全国农膜使用量246.5万吨，较2017年减少2.49%；其中，地膜使用量140.4万吨，较2017年减少2.30%。地膜覆盖面积2.66亿亩，较2017年减少4.78%，约占耕地面积的13.17%。其中，新疆、山东、内蒙古、甘肃、云南、河南、四川、河北、湖南9个省份的地膜覆盖面积均超过1 000万亩，合计1.90亿亩，占全国地膜覆盖面积的71.43%。

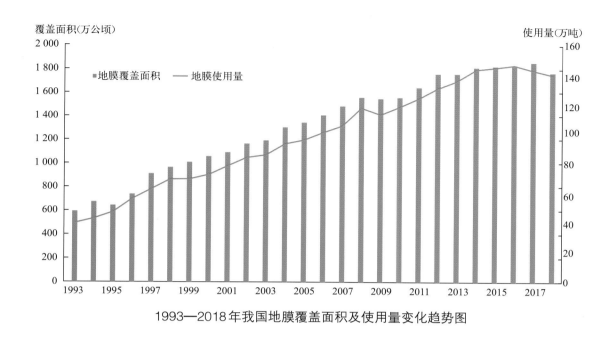

1993—2018年我国地膜覆盖面积及使用量变化趋势图

专栏11：农业农村部召开农用地膜污染防治工作推进会

7月30日，农业农村部生态总站在新疆维吾尔自治区乌鲁木齐市召开农用地膜污染防治工作推进会，农业农村部科技教育司李波副司长、农业农村部生态总站高尚宾副站长出席会议并讲话。会议部署了农膜回收行动，交流了各地农膜污染防治典型经验做法，落实了农田地膜残留监测任务。各省份农业厅科教处和环保站的负责同志、农用地膜监测承担单位的专家等110余人参加了本次会议。

在新疆维吾尔自治区乌鲁木齐市召开农用地膜污染防治工作推进会

强化科技推广与监测评价

一、加强地膜回收技术推广与宣传

2019年9月3日，农业农村部生态总站在辽宁省阜新市举办2019年农业农村部引领性农业技术——全生物降解地膜替代技术交流会暨现场观摩会。高尚宾副站长出席会议并讲话，强调要建立适宜性评价技术体系，从操作性、功能性、可控性、经济性4个方面全方位评价地膜产品；要针对全生物降解地膜的特性，加大配套农艺措施研究，完善其农田应用技术规范；要针对不同产品、不同地区和不同作物做好示范应用政策研究，稳妥有序地加大示范推广力度，为从源头上解决农田"白色污染"提供新路径。与会代表还现场观摩了全生物降解地膜替代技术花生集成示范区、花生覆膜栽培一体机、花生机械化收割机、花生秸秆残膜分离机、地膜残留监测等。来自全国有关农业环保系统、科研院所和国内主要全生物降解地膜企业的专家和代表共计80多人参加了会议。

全生物降解地膜替代技术现场观摩交流会

10月22日，农业农村部在新疆维吾尔自治区石河子市举办棉花采摘及残膜回收机械化技术现场演示及学术研讨会，农业农村部生态总站高尚宾副站长、农机总站涂志强副站长等相关领导出席并讲话，与会专家就地膜覆盖应用、残膜回收方式、农膜质量监管和农田残膜机械化回收等内容进了交流研讨，来自国内棉花主产区和当地重点县市的农机管理和农业推广等部门技术人员和棉花种植大户200多人参加活动。棉花采摘及残膜回收机械化技术作为农业农村部重大引领性农业技术，推动了新疆棉区棉花生产全程机械化技术体系快速熟化，促进了农田残膜回收关键技术装备推广应用，解决了当地棉花生产农膜回收难的突出问题。

棉花采摘及残膜回收机械化技术现场演示及学术研讨会

棉花采摘及残膜回收机械化技术现场演示会

宁夏回族自治区首次开展生物降解地膜试验示范，示范面积65亩，试验面积3亩，采集样品2 748个，获得数据24 864项。对3种生物降解膜（A、B、C类）和1种通用膜的降解过程进行跟踪监测和效果评价。

降解地膜试验地采土样

重庆市在彭水县烟草种植地，启动实施全生物可降解地膜覆盖替代技术田间示范，示范面积650亩。在不同海拔高度选择先前对比试验效果较好的4种全生物可降解地膜覆盖烟草种植，通过同田对比试验，对比分析了4种全生物可降解地膜在不同海拔高度的降解动态及其对土壤温度、土壤性质、烟叶产量及化学组成等的影响。

全生物可降解地膜覆盖替代技术田间示范

青岛市在平度市、莱西市等5市（区）推广地膜污染防治新技术，开展地膜回收示范，建设标准地膜示范区6万亩、全生物可降解地膜示范区2万亩、地膜回收站20处，打造"农膜增产增收、废膜回收利用、资源变废为宝、农业循环发展"的模式。

可降解地膜技术示范培训班

河北省农业环境保护监测总站充分利用多种媒介、多种形式，对地膜新国标、残膜危害、地膜残留污染防控关键技术等进行广泛宣传，共举办现场宣传活动776次、悬挂宣传条幅4 789条、发放宣传材料24万余份、举办技术培训330期、培训2.5万多人，调动了广大农户积极参与地膜污染防治的主动性。

地膜机械回收现场

利用农村大集开展地膜污染防治现场宣传

专栏12：内蒙古自治区对地膜合理利用与残膜污染综合防控技术开展成果鉴定

　　9月，内蒙古自治区农牧厅组织专家对"内蒙古地膜合理利用与残膜污染综合防控技术"进行了成果鉴定，从地膜污染防控、农业生态环境保护、经济性等多角度进行了综合评价；同时，对扎赉特旗水稻旱作全生物降解地膜膜下滴灌示范地块进行了测产，实测平均亩产为512.6千克，较无膜栽培技术提高40千克。专家组一致认为，内蒙古自治区地膜合理利用与残膜污染综合防控技术具有创新性，总体水平居国内领先。

内蒙古自治区主要作物地膜覆盖技术适宜性评价课题研讨会

内蒙古自治区扎赉特旗水稻旱作全生物降解地膜膜下滴灌示范地块测产

二、开展地膜回收监测评价

2019年，农业农村部生态总站印发《全国农田地膜残留监测方案》和《农膜回收行动监测方案》，在全国建立的500个地膜残留国控监测点，带动地方建立省级监测点，构建统一的地膜残留监测网络，主要监测农田地膜使用量、回收量、残留量，说清楚地膜残留现状、防治成效。将农膜回收纳入省级农业农村部门污染防治工作，延伸绩效考核，构建考核结果与政策扶持相挂钩的激励约束机制。将农膜列入全国农资打假专项治理行动重点，积极配合市场监管等部门，依法打击非标农膜生产、销售和使用。

河北省结合第二次农业污染源普查工作和地膜残留国控监测点监测工作，在大名县、威县、围场等8个县开展地膜残留抽样调查和原位监测，在全省布设的30个地膜残留国控监测点基础上，进一步开展农田地膜残留监测与评价，明确了典型区域和作物的地膜用量和残留水平。

农产品产地环境管理

完善农产品产地环境管理政策

2019年1月1日，《中华人民共和国土壤污染防治法》正式施行，对农业投入品的生产、销售、使用，以及土壤污染风险管控与修复、农用地划分及分类管理、土壤污染状况调查和监测等作出了法律上的明确规定。3月，农业农村部发布《轻中度污染耕地安全利用与治理修复推荐技术名录（2019年版）》。4月，生态环境部、农业农村部联合印发《关于进一步做好受污染耕地安全利用工作的通知》，要求各地完善或编制受污染耕地安全利用总体方案，明确2020年底前完成本地区"421"相关目标任务的具体措施，建设受污染耕地安全利用集中推进区，强化重金属等污染源管控，推进耕地土壤环境质量类别划分，核算受污染耕地安全利用率，加快推进受污染耕地安全利用。7月，生态环境部、农业农村部、自然资源部联合出台了《关于贯彻落实土壤污染防治法 推动解决突出土壤污染问题的实施意见》，提出开展耕地土壤环境质量类别划分、鼓励将重度污染耕地纳入新一轮退耕还林还草范围、开展重度污染耕地种植结构调整、加强耕地土壤环境监测等工作任务。8月，农业农村部发布《受污染耕地治理与修复导则》（NY/T 3499—2019），指导地方开展受污染耕地治理与修复工作。12月，农业农村部印发《耕地重金属污染防治联合攻关计划（2019—2024年）》，对耕地重金属污染防治技术攻关及试验示范等作出了部署。

农产品产地环境管理政策相关文件

开展专题活动及宣传培训

一、组织开展专题活动

10月11～12日，农业农村部科技教育司和农业农村部生态总站在湖南省长沙市召开全国受污染耕地安全利用现场推进暨联合攻关启动会。张桃林副部长出席会议并讲话，要求各地依靠科技助力解决污染防治工作，确保到2020年如期完成"土十条"目标任务，坚决打赢净土保卫战。各省（直辖市、自治区）农业农村厅、农业生态环保站领导及6个耕地重金属污染防控攻关组专家参加会议。

全国受污染耕地安全利用现场推进暨联合攻关启动会

12月12日，农业农村部科技教育司、农业农村部生态总站在北京召开耕地重金属污染防治联合攻关推进会，对攻关工作进行再动员、再部署、再落实，进一步促进行政工作和科研攻关更加紧密地合作，强化耕地土壤污染防治的科技支撑，推动形成上下一体、左右协同的工作推进格局，耕地污染防治重点省份负责同志及联合攻关专家参加会议。

耕地重金属污染防治联合攻关推进会

江苏省印发了《关于切实抓好受污染耕地安全利用工作的通知》，建立了12个受污染耕地安全利用集中推进区，制订并印发《江苏省受污染耕地安全利用总体方案》；指导各地形成并推广"低积累品种+水肥科学管理+酸碱调节""低积累品种+原位钝化（固化）""深耕深翻+土壤调理剂施用""超积累植物与低积累作物轮作（间作）"等受污染耕地安全利用技术模式。

江苏省受污染耕地安全利用集中推进区建设现场

二、组织开展宣传培训

2019年，农业农村部生态总站在《农民日报》上刊出土壤污染防治法宣传专版，总结梳理土壤污染治理修复案例与典型经验。

在《农民日报》上宣传土壤污染防治法

6月13日，陕西省农业农村厅召开全省受污染耕地防治培训及工作推进会，就扎实推进全省受污染耕地防治工作、深入贯彻习近平生态文明思想，全面落实生态环保工作，并对相关工作作出全面部署。厅党组成员杨黎旭全程参加培训并讲话。8月21日，陕西省耕地质量与农业环境保护工作站在西安举办了全省受污染耕地防治技术培训班。来自西安、宝鸡、咸阳、渭南、商洛、汉中、安康、宝鸡等市、县农技中心（土肥站、能环站）相关负责同志及技术骨干120余人参加了本次培训。

在西安市举办受污染耕地防治技术培训班

开展耕地土壤环境质量类别划分

11月，生态环境部、农业农村部联合发布《农用地土壤环境质量类别划分技术指南》，明确基于农用地详查开展耕地土壤环境质量类别初步划分，并基于已有基础数据进行优化调整。各地按照《指南》要求，组织开展农用地土壤环境质量类别划分试点工作。

广西壮族自治区安排501万元的财政资金，成立了耕地土壤环境质量类别划分推进工作组和专家组，印发了《关于印发广西2019年耕地土

陕西省受污染耕地防治培训及工作推进会

壤环境质量类别划分试点工作方案的通知》，举办了广西土壤污染防治技术培训班，完成上林县等24个县（市、区）耕地土壤环境质量类别划分试点工作，划分成果已通过专家评审，形成了试点县（市、区）划分工作报告、建立了耕地分类清单、绘制了耕地土壤环境质量类别图。12月18日，组织召开了农用地土壤环境质量类别划分试点县（市、区）成果评审会，农业农村部生态总站高尚宾副站长出席评审会并讲话。

2019年广西农用地土壤环境质量类别划分试点县（市、区）成果评审会

江苏省制订《江苏省耕地土壤环境质量类别划分工作方案》，举办"全省耕地土壤环境质量类别划分技术培训班"，指导各地规范开展类别划分、踏勘核实与类别调整等工作。通过统一招标，全省遴选了专业能力较强的7家单位作为技术支撑，并组织技术人员在保密机房内集中办公，开展类别划分成果集成，由专人全程跟踪指导，落实质量控制和保密管理。截至2019年底，全省13个设区市、96个主要涉农县（市、区）全部完成类别划定，技术报告、分类清单和图册均通过专家评审。

江苏省耕地土壤环境质量类别划分技术培训班

江苏省耕地土壤环境质量类别划分技术研讨会

开展土壤环境质量污染监测

2019年，农业农村部印发《关于做好农业生态环境监测工作的通知》《国家农业科学观测工作管理办法》，构建起以11个农业科学观测数据中心为"塔尖"、4万个农业生态环境国控监测点为"塔基"的"金字塔"式工作架构，形成了实验观测和定点监测相结合的农业科学观测网络体系，明确由农业农村部生态总站承担监测业务指导和监测报告编写工作，农业农村部环境保护科研监测所负责质量控制和数据审核。

重庆市在渝北、南川等9个县（区）的市级现代农业园区，开展水、土、气等环境质量监测，编写了《重庆市市级现代农业园区环境质量监测工作总结》；对照国家标准和行业标准，评估了监测区域环境质量状况；分析了现代农业园区的建设和生产对土壤重金属含量水平可能带来的影响。

河北省省、市两级争取资金710.93万元、县级争取资金463.15万元，用于开展耕地污染防治相关工作；开展受污染耕地的土壤和农产品样品的协同监测，共检测910个样品，为受污染耕地的安全利用和严格管控提供了数据支撑；在安新县选择3 000亩耕地，组织完成了小麦、玉米样品的采集和分析，为下一步开展特定农产品禁止生产区划定试点提供数据支撑。

重庆市开展水、土、气等环境质量监测

宁夏回族自治区在特色农产品种植区，开展农产品产地土壤与农产品重金属协同监测，共布设监测点679个，监测样点面积1 833万亩，全年采集土壤样品310个，同点采集农产品样品508个，分析重金属项目8项、土壤养分含量4项，有效提升了农业生态环境监测预警能力。

宁夏回族自治区开展重金属协同监测采样找点

农村可再生能源建设

农村可再生能源开发利用

一、农村沼气

2019年，全国沼气用户达3 380.27万户，本年在用户数1 764.41万户，利用率52.2%；各类沼气工程达10.26万处，总池容达2 535.71万立方米，发电装机容量34.15亿千瓦。

总的来看，农村户用沼气规模、使用率快速下降。随着大量的户用沼气池达到正常使用年限，以及因村庄集并、生态移民、扶贫搬迁、养殖结构调整、禁养区划分等政策的影响，每年的报废数量还会进一步增加，户用沼气池的规模及使用也将进一步减少。自2015年农村沼气实施转型升级以来，农村沼气工程建设重点逐渐转移到大型沼气工程和生物天然气试点项目上，我国沼气工程呈现单体规模逐渐扩大、总体数量有所减少的趋势，逐渐向规模化和大型化方向发展。

2013—2019年全国农村沼气发展情况（年末累计）

年份	户用沼气（万户）	沼气工程（处）	小型（处）	中型（处）	大型（含特大型）（处）
2013	4 150.37	99 957	83 512	10 285	6 160
2014	4 183.12	103 036	86 236	10 087	6 713
2015	4 193.3	110 975	93 355	10 543	7 077
2016	4 161.14	113 440	95 183	10 734	7 523
2017	4 057.71	109 976	91 585	10 514	7 875
2018	3 907.67	108 059	89 761	10 332	7 966
2019	3 380.27	102 650	94 913		7 737

专栏13：江苏省徐州市推广太阳能沼气集中供气技术

2019年，徐州市政府印发《徐州市改善农民住房条件项目配套太阳能沼气集中供气工作实施方案》，提出到2020年底前在全市228个新建社区、2022年底前在全市100个特色田园乡村重点推广太阳能沼气集中供气技术。该技术成果获住建部"华夏建设科学技术三等奖"、江苏省科技进步奖、淮海经济区科技进步奖各1项，以及国家发明专利2项、国家实用新型专利1项，该技术模式已经从示范展示进入较大范围推广使用。

秸秆太阳能沼气集中供气技术路线图

集中供气小区

关键技术获得证书及专利

专栏14：四川省大力发展新村集中供气工程

2019年，四川省继续加大支出，发展新村供气工程，共建设集中供气工程156处，供气10 085户。2012—2019年，省级财政累计投资新村集中供气工程44 230.9万元，新建省级集中供气工程1 185处，供气83 406户，项目遍及21个市（州）、覆盖129个县（市、区），农村能源建设逐渐由单一发展户用沼气向户用沼气、新村集中供气工程、大型沼气工程多能互补多元化发展转变。

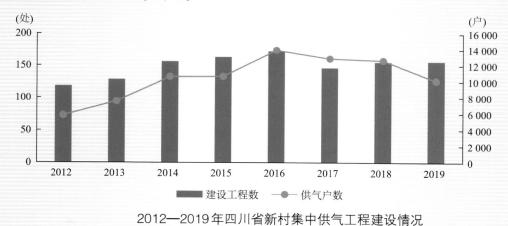

2012—2019年四川省新村集中供气工程建设情况

二、生物质能

2019年，全国共建固化成效燃料加工站2 360处，年产量1 095.19万吨；建立秸秆热解气化集中供气站376处，其中已运行196处，供气户数1.85万户；建立秸秆炭化站91处，年产量34.28万吨。

近年来，辽宁、黑龙江等省成功探索了秸秆打捆直燃集中供暖技术。该技术通过将成捆的秸秆在专用锅炉内燃烧，为乡镇机关单位、社区、学校等集中供暖。该技术符合我国北方农村实际，供暖期与秸秆收储期吻合，减少了秸秆收储环节，降低了秸秆利用成本；另外，配备的专用锅炉热效率可达80%以上，使用寿命20年以上，与燃煤相比运行费用少、污染物排放量低，不仅解决了北方地区秸秆处理难的问题，同时为北方地区农村冬季清洁取暖提供了可行的方案。截至2019年底，辽宁、黑龙江、河北、山西等省已建秸秆打捆直燃供暖试点178处，供暖面积达到700多万平方米。

2013—2019年全国生物质能发展情况（年末累计）

年份	秸秆热解气化集中供气站（处）	秸秆沼气集中供气站（处）	秸秆固化成型站（处）	秸秆炭化站（处）
2013	906	434	1 060	105
2014	821	458	1 147	103
2015	795	458	1 190	106
2016	766	454	1 362	106
2017	674	431	1 616	105
2018	559	386	2 331	82
2019	—	379	2 360	91

三、太阳能

2019年，我国太阳房达到25.69万处、2 074.34万平方米；太阳能热水器达到4 703.86万台、8 476.65万平方米；太阳灶达到183.57万台。

2013—2019年全国太阳能开发利用情况（年末累计）

年份	太阳房		太阳灶	太阳能热水器	
	数量（处）	面积（万平方米）	数量（台）	数量（万台）	面积（万平方米）
2013	269 304	2 445.55	2 264 356	4 099.65	7 294.57
2014	286 744	2 527.59	2 299 635	4 345.71	7 782.85
2015	290 448	2 549.37	2 327 106	4 571.24	8 232.98
2016	292 676	2 564.6	2 279 387	4 770.84	8 623.69
2017	291 144	2 540.98	2 222 666	4 792.64	8 723.50
2018	291 848	2 529.76	2 135 756	4 835.56	8 805.43
2019	256 933	2 074.34	1 835 693	4 703.86	8 476.65

加强农村可再生能源建设

一、推进农村可再生能源示范村建设

2019年，依托农村人居环境整治技术服务与提升项目和农村能源综合建设项目，农业农村部生态总站以农村可再生能源技术推广为手段，以改善农村人居环境为目的，在全国17个省份建设了38个示范村，总结形成适合我国不同类型地区的7个典型模式：秸秆打捆直燃清洁供暖技术模式，以辽宁、黑龙江等省为代表，将秸秆直接打捆在专用锅炉内燃烧，为乡镇机关单位、社区、学校等集中供暖，为北方地区冬季清洁取暖和秸秆综合利用提供了很好的解决方案；美丽乡村配套建设沼气集中供气模式，以江苏省徐

州市为代表，在全市美丽乡村建设中配套沼气集中供气工程，处理农业农村有机废弃物，为农户集中供气；低碳宜居村级沼气集中供气模式，以四川省为代表，开展新村小型沼气工程建设和后续服务，为养殖场处理粪污，为农户集中供气解决炊事用能，利用沼肥发展循环农业；低碳村镇绿色燃气分布式供应模式，以湖北省松滋市为代表，通过第三方服务、撬装运输、分布式门站，更加灵活地为更大范围的村镇社区提供沼气集中供气，补齐村庄绿色燃气供应的短板；生物燃气为农户集中供气供暖模式，以河北省安平、临漳、肥乡等县为代表，利用沼气、生物天然气、秸秆热解气为农户集中供气、提供炊事取暖用能；炉灶炕一体化清洁取暖模式，以甘肃省为代表，通过清洁炉具、节能水暖炕一体化建设，解决农户分散取暖问题；"沼改厕"+生活污水沼气净化模式，以广西、贵州、云南等省份为代表，结合农村厕所革命，挖掘户用沼气在农村改厕、生活污水处理等方面的潜力，推进"沼改厕"，有条件的村配套建设生活污水沼气净化工程。

二、推进生物天然气发展

2019年12月，国家能源局、国家发展和改革委员会、农业农村部等10部门联合印发《关于促进生物天然气产业化发展的意见》，提出到2025年我国生物天然气年产量超过100亿立方米；到2030年，生物天然气年产量超过200亿立方米。

2015—2017年，农业部组织建设了64处生物天然气试点项目工程，形成了一批有价值、可推广、可复制的成熟技术模式。部分项目在民用燃气、车用燃气等方面初见成效，逐步成为缓解当地天然气供应压力的重要途径；培育了一批第三方运管建企业，提升了建设标准化、管理规范化、维护专业化和运营市场化的水平，形成了从原料收储运、工程运行管理、商品有机肥加工销售、沼气高值利用到生态循环农业示范区建设比

较完整的产业链条。

三、推进农村沼气安全生产

2019年1月，农业农村部办公厅印发了《关于做好农村沼气设施安全处置工作的通知》，明确农村沼气设施安全处置原则、方式和报废条件，组织湖北省、四川省、广西壮族自治区、辽宁省、甘肃省等政府相关工作人员和安全生产领域专家进行座谈。6月，印发《关于开展2019年农村能源"安全生产月"活动的通知》，组织开展"安全生产月"活动。各地积极推进农村沼气安全生产工作，云南省举办了沼气工程安全生产演练及户用沼气处置培训班，向全省农村能源行业人员，传授大中型沼气工程安全运行和安全处置病旧沼气池的相关知识技术；四川省以"强化红线意识，促进安全发展"为主题，采取沼气安全歌快板文艺展演、广场LED安全视频播放、安全知识与操作技能展板、沼气灶现场维修维护与服务咨询、宣传资料发放等形式，向农民群众宣传农村沼气安全知识常识。

四、强化行业标准体系建设

2019年，农业农村部生态总站组织有关单位申报2019年农村能源标准项目9项；审查送审和报批标准2项；完成了《生物炭试验方法通则》的审定和报批工作；新颁布实施《村级沼气集中供气站技术规范》《沼气工程安全管理规范》《沼气工程技术规范》《沼气工程钢制焊接发酵罐技术条件》等10项行业标准。

10月14～19日，农业农村部生态总站参加了在加拿大多伦多组织召开的ISO/TC 255第六次会议，讨论了2019年TC 255的进展情况，探讨了《沼气工程火焰燃烧器》《沼气工程环境影响及安全》《非户用沼气系统》等国际标准进展情况和修改完善建议，根据各成员需求和发展趋势提出了新的沼气国际标准项目，起草了TC 255未来发展及召开下一次会议等内容。来自中国、加拿大、德国、法国、美国等国家的20多名代表参加了此次会议。

专栏15：北京强化沼气工程安全检查与检测

4月和9月，北京市组织专家对正常运行的沼气工程进行了2次拉网式安全大检查，检查范围包括7个区22家沼气站，其中顺义区6处、大兴区2处、房山区4处、密云区4处、昌平区2处、通州区2处、平谷区2处，对在检查中发现的问题和隐患进行了排查整改。

4～11月，北京市组织专家分10次对全市6个区29个气站进行了全覆盖燃气抽样安全检测，共采集220个样本进行气体成分分析，采集220个样本进行热值分析，采集30个秸秆气化气样进行焦油含量测试分析，并完成生物质燃气检测报告一份。检测发现，秸秆气化气的热值差异较大；与2017年、2018年检测结果相比，2019年的沼气热值普遍升高。

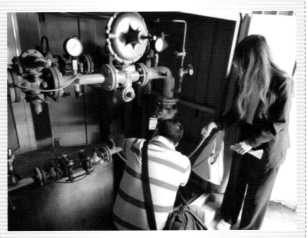

生物质燃气安全检测

专栏16：浙江省全面推进农村沼气工程建档服务工作

2019年，浙江省完成农村沼气工程

建档4185处，建档率98.8%；同时，对3300处正常运行的农村沼气工程建立"一程一策"安全生产制度，占正常运行数的95.0%。天台县通过建档工作，搭建县域农村沼气工程综合管理信息平台，将沼气工程基本信息在地图上予以显示，并将农村沼气工程酸化池、厌氧发酵罐、储气柜及沼气储存池等点位的视频监控接入平台，全面直观显示农村沼气工程实时动态。该平台还为农村沼气工程设置专属二维码，农村沼气工程业主及管理人员通过扫描二维码查看并上传沼气工程运维情况、维修情况等信息；农村能源管理部门可通过登录平台或扫描二维码查看沼气工程相关信息，在台风、雨雪等极端天气条件下对沼气工程业主发送安全警示信息、进行安全技术培训及提供安全技术指导。

专栏17：湖南省"三联两解一提升"沼气服务模式

"三联"指以农村可再生能源服务站为中心，联农村沼气用户、联畜禽养殖场、联种植业产业园或基地；"两解"指解决沼气用户的原料短缺问题和养殖场粪污处理问题；"一提升"指为种植业产业园或基地提供优质的有机肥——沼肥，提升农产品的品质。其具体做法：由农村可再生能源服务站分别与缺乏发酵原料的农村沼气用户签订原料供应、用气服务协议，与规模养殖场签订治污运输协议，与农业种植业产业园或基地签订有机沼肥供应协议，沼气服务站按服务项目收取一定费用。这种服务模式有两个好处。一是将大型养殖场或养殖大户处理不了的粪便运到户用沼气池作原料，解决养殖场的污染。二是对沼气用户送粪上门，保证原料供应；同时开展维修服务，保证正常用气。三是向大型果蔬产业园或基地供应优质有机沼肥，为果蔬产业园提供优质肥料。

开展行业技术交流与培训

2019年，农业农村部生态总站先后在甘肃、云南等地举办农村可再生能源利用技术培训班，解读行业政策，分析市场化运行成功案例，帮助各地用足用好各项支持政策，盘活沼气工程，激发市场活力，示范带动各地开展了一系列培训活动。

3月21日，农业农村部生态总站在云南省大理市举办农村人居环境整治技术服务与提升培训班，以农村能源综合建设、农村人居环境整治为主要内容，结合案例解读了农村人居环境改善与提升检测评价方法、示范点基线调查方法、沼气供户、以沼气为纽带的生态循环农业技术路径和运营模式、秸秆能源化利用技术路径和模式等。来自全国17个省份农村能源办（站）主要负责人和技术人员参加了培训。

举办农村人居环境整治技术服务与提升培训班

10月23～24日，农业农村部生态总站在甘肃省武威市举办全国农村可再生能源利用技术培训班。吴晓春副站长出席培训班并讲话，17个省份交流了2019年农村人居环境整治技术服务与能力提升试点示范工作的开展情况，并观摩了甘肃省武威市凉州区黄羊镇上庄村、武威柏树庄规模化沼气供气站、武威铁骑力士饲料公司沼气工业化利用示范点、秸秆成型燃料替代煤炭利用示范点等8处农村可再生能源利用典型案例。来自全国各省份农村能源部门负责人、技术骨干、有关专家100多人参加培训。

全国农村可再生能源利用技术培训班在武威市凉州区举办

3月12～15日，农业农村部沼气科学研究所在四川省成都市召开新时期农村能源技术模式与综合利用研讨会。各省份农村能源管理部门介绍了各地农村能源发展情况、存在困难和技术需求，并与专家就推动新时期农村能源高质量发展、发挥农村能源技术在人居环境提升与改善中的作用展开研讨。与会代表还参观了大邑县沼肥综合利用农场和大田试验基地、邛崃市粪污PPP模式转运合作社。有关省份农村能源管理部门领导和技术专家近40人参加了会议。

新时期农村能源技术模式与综合利用研讨会

3月6～7日，内蒙古自治区农业技术推广站（农村生态能源环保站）在呼和浩特市举办全区农业技术推广、农村生态能源环保技术骨干培训会。围绕农业技术推广、农村能源建设、生态农业发展、农业资源与环境保护等内容，培训班邀请相关专家进行了讲解。会上表彰了2018年全区农业技术推广工作、农村生态能源环保工作先进单位及先进个人，并为全区农技推广专家、农村生态能源环保行业专家发放了聘书。

内蒙古自治区举办农业技术推广、农村生态能源环保技术骨干培训会

3月，广西壮族自治区农村能源办公室先后在桂林市、贵港市举办农村能源综合示范建设暨安全生产业务培训班。培训班围绕2019年农村能源重点工作有针对性地开展培训，介绍了2019年自治区财政补助资金农村能源项目建设与管理、农村能源综合示范项目建设与注意事项、农村能源项目绩效目标与工作要求等内容。来自自治区农村能源办、各市县农村能源办的负责人及业务骨干150多人参加了培训。

广西壮族自治区举办全区农村能源综合示范建设暨安全生产业务培训班

9月2～3日，河南省农村能源环境保护总站在南阳市组织召开了全省农村能源生态建设暨产业扶贫培训会，南阳市方城县就沼气生态循环农业建设及产业扶贫情况进行了经验介绍，各省辖市农村能源管理部门负责人围绕沼气生态循环农业建议、沼气安全生产管理及产业扶贫等内容进行了汇报交流，与会代表还参观了方城县鸿旺牧业沼肥生态循环农业园和内乡县中以高效农业科技生态园。来自全省18个省辖市、10个省直管县（市）农村能源管理部门的负责人及业务骨干70余人参加了培训会。

河南省召开全省农村能源生态建设暨产业扶贫培训会

10月，新疆维吾尔自治区在乌鲁木齐市举办农村能源综合利用技术培训班。培训班邀请农业农村部科技教育司、农业农村部生态总站等单位专家围绕农作物秸秆综合利用、沼气工程安全生产管理和沼气设施安全处置等内容进行了讲解。昌吉州、阿克苏地区、哈密市、呼图壁县、新源县、尉犁县结合各区域特色作了典型发言。来自各地的农业农村领域业务骨干、县市专干及重点项目企业业主等50名代表参加了培训。

新疆维吾尔自治区农村能源综合利用技术培训班

10月26～27日，甘肃省农业农村厅在定西市召开农村厕所粪污资源化利用暨农村清洁能源利用现场推进会，朱宝莹副厅长主持会议并讲话。兰州市、张掖市、定西市安定区、武威市凉州区、庆阳市宁县的负责同志根据各地经验做法分别作了交流发言。与会代表还实地观摩了定西市安定区内官营镇人畜粪污资源化利用现场、西巩驿镇中驿村2个示范点，来自各市（州）、县（市、区）农业农村局、农村能源办（站、中心）的负责人220余人参加会议。

甘肃省召开全省农村厕所粪污资源化利用暨农村清洁能源利用现场推进会

生态循环农业

强化生态循环农业政策技术支撑

2019年1月，中共中央、国务院印发《关于坚持农业农村优先发展做好"三农"工作的若干意见》，要求发展生态循环农业，扩大轮作休耕制度试点，创建农业绿色发展先行区，实施乡村绿化美化行动，实施新一轮草原生态保护补助奖励政策。

4月，国家发展和改革委员会颁布《产业结构调整指导目录（征求意见稿）》，将乡村生态旅游、农田防护与生态环境保持、生态农业建设、生态种（养）技术开发与应用、农业农村环境保护与治理技术开发与应用、畜禽养殖废弃物处理和资源化利用（畜禽粪污肥料化、能源化和基料化利用，病死畜禽无害化处理）、生态保护和修复工程、土壤修复技术装备等列为鼓励类农林产业，将超过生态承载力的旅游活动和药材等林产品采集活动、种植前溴甲烷土壤熏蒸工艺、农村传统老式炉灶炕列为淘汰类产业，为生态农业产业发展提供了基本遵循。

6月，农业农村部组织编制了《生态农场评价技术规范（征求意见稿）》，对农业生产经营单元的生产、管理和综合效益等关键环节提出了规范要求。

10月，农业农村部、国家发展和改革委员会、科技部、财政部、自然资源部、生态环境部、水利部、国家林业和草原局 联合印发《关于公布第二批国家农业绿色发展先行区名单的通知》，在地方人民政府申请、省级择优推荐、部委复核确认的基础上，评估确定了第二批41个国家农业绿色发展先行区。要求各先行区深入开展先行先试工作，立足当地资源禀赋、区域特点和突出问题，着力创新和提炼，形成以绿色技术体系为核心、绿色标准体系为基础、绿色产业体系为关键、绿色经营体系为支撑、绿色政策体系为保障、绿色数字体系为引领的区域农业绿色发展典型模式，为面上农业的绿色发展转型升级发挥引领作用；积极强化政策支持，加快建立以绿色生态为导向的农业补贴制度，探索绿色金融服务先行先试地区的有效方式，加大绿色信贷及专业化担保支持力度，创新绿色生态农业保险产品，加大政府和社会资本合作（PPP）的推广应用；持续做好监测评估，加强对先行区建设情况的监测评价、工作调度和评估总结。

第二批国家农业绿色发展先行区名单（共41个）

序号	先行区名单	序号	先行区名单	
1	海南省国家农业绿色发展先行区	11	湖北省十堰市郧阳区国家农业绿色发展先行区	
2	北京市大兴区国家农业绿色发展先行区	12	湖南省浏阳市国家农业绿色发展先行区	
3	天津市西青区国家农业绿色发展先行区	13	湖南省新宁县国家农业绿色发展先行区	
4	河北省平山县国家农业绿色发展先行区	14	广东省德庆县国家农业绿色发展先行区	
5	河北省曲周县国家农业绿色发展先行区	15	广西壮族自治区田东县国家农业绿色发展先行区	
6	山西省万荣县国家农业绿色发展先行区	16	重庆市开州区国家农业绿色发展先行区	
7	内蒙古自治区科尔沁右翼前旗国家农业绿色发展先行区	17	重庆市武隆区国家农业绿色发展先行区	
8	辽宁省凌海市国家农业绿色发展先行区	18	四川省成都市青白江区国家农业绿色发展先行区	
9	吉林省和龙市国家农业绿色发展先行区	19	四川省泸县国家农业绿色发展先行区	
10	黑龙江省兰西县国家农业绿色发展先行区	20	贵州省松桃县国家农业绿色发展先行区	

（续）

序号	先行区名单	序号	先行区名单
21	上海市松江区国家农业绿色发展先行区	32	贵州省金沙县国家农业绿色发展先行区
22	江苏省如皋市国家农业绿色发展先行区	33	云南省大理市国家农业绿色发展先行区
23	江苏省常州市新北区国家农业绿色发展先行区	34	云南省弥勒市国家农业绿色发展先行区
24	安徽省岳西县国家农业绿色发展先行区	35	西藏自治区白朗县国家农业绿色发展先行区
25	安徽省休宁县国家农业绿色发展先行区	36	陕西省洋县国家农业绿色发展先行区
26	福建省永泰县国家农业绿色发展先行区	37	甘肃省广河县国家农业绿色发展先行区
27	江西省万载县国家农业绿色发展先行区	38	青海省湟源县国家农业绿色发展先行区
28	江西省泰和县国家农业绿色发展先行区	39	宁夏回族自治区中宁县国家农业绿色发展先行区
29	山东省齐河县国家农业绿色发展先行区	40	新疆维吾尔自治区奇台县国家农业绿色发展先行区
30	河南省济源市国家农业绿色发展先行区	41	新疆生产建设兵团第六师共青团农场国家农业绿色发展先行区
31	湖北省大冶市国家农业绿色发展先行区		

11月，农业农村部办公厅《关于印发〈农业绿色发展先行先试支撑体系建设管理办法（试行）〉的通知》，提出在国家农业绿色发展先行区已开展工作基础上，进一步建立和完善绿色农业技术体系、标准体系、产业体系、经营体系、政策体系和数字体系6大体系，加快形成一批可复制可推广的典型模式，推动形成不同生态类型地区的农业绿色发展整体解决方案，为深入推进全国农业绿色发展提供借鉴和支撑；要求各地针对制约农业绿色发展的突出问题，开展综合试验，建立长期固定观测试验站，总结农业绿色发展模式，加强绩效评估。

农业绿色发展先行先试支撑体系建设试点县名单

序号	省份	试点县
1	北京市	顺义区、大兴区
2	天津市	武清区、西青区
3	河北省	围场县、平山县、曲周县
4	山西省	高平市、蒲县、万荣县
5	内蒙古自治区	杭锦后旗、科尔沁右翼前旗
6	辽宁省	喀左县、凌海市
7	吉林省	舒兰市、通化县、和龙市
8	黑龙江省	肇源县、兰西县

（续）

序号	省份	试点县	
9	上海市	崇明区、松江区	
10	江苏省	邳州市、泰州市姜堰区、如皋市、常州市新北区	
11	浙江省	安吉县、台州市黄岩区	
12	安徽省	颍上县、岳西县、休宁县	
13	福建省	平和县、武夷山市、永泰县	
14	江西省	丰城市、万载县、泰和县	
15	山东省	滕州市、齐河县	
16	河南省	宝丰县、济源市	
17	湖北省	咸宁市农高区、宜昌市夷陵区、大冶市、十堰市郧阳区	
18	湖南省	岳阳市屈原管理区、澧县、浏阳市、新宁县	
19	广东省	东源县、恩平市、德庆县	
20	广西壮族自治区	钟山县、田东县	
21	海南省	三亚市崖州区、东方市	
22	重庆市	璧山区、开州区、武隆区	
23	四川省	荣县、成都市青白江区、泸县	
24	贵州省	凤冈县、松桃县、金沙县	
25	云南省	新平县、曲靖市马龙区、大理市、弥勒市	
26	西藏自治区	仲巴县、白朗县	
27	陕西省	渭南市华州区、洋县	
28	甘肃省	高台县、广河县	
29	青海省	刚察县、湟源县	
30	宁夏回族自治区	青铜峡市、中宁县	
31	新疆维吾尔自治区	特克斯县、奇台县	
32	新疆生产建设兵团	第八师石河子总场、第六师共青团农场	

组织实施生态循环农业发展相关项目

一、组织实施绿色循环优质高效特色农业项目

2019年，农业农村部、财政部联合印发《关于做好2019年绿色循环优质高效特色农业促进项目实施工作的通知》，支持山西、吉林、江苏、江西、河南、湖北、湖南、海南、四川、宁夏10个省份实施绿色循环优质高效特色农业促进项目；各省根据建设条件择优确定不超过3个项目，重点支持建设全程绿色标准化生产基地，完善产加销一体化发展全链条，加强质量管理和

品牌运营服务；中央财政通过以奖代补方式对实施绿色循环优质高效特色农业促进项目予以补助，每个项目补助资金不低于1 800万元。

二、继续开展果菜茶有机肥替代化肥行动

2019年，中央财政继续安排专项资金支持果菜茶有机肥替代化肥试点。在范围上，由点及面整体推进，突出果菜茶优势产区，鼓励有条件的地方实行整县整建制推进；在作物上，突出重点加力推进，继续以苹果、柑橘、设施蔬菜、茶叶为实施重点，因地制宜扩大到节肥潜力大、经济效益好的草莓、杧果、梨等名特优水果。2019年，试点规模扩大到175个县，实施范围扩大到东北设施蔬菜。探索政府购买服务等方式，撬动社会资本参与果菜茶有机肥替代化肥行动，引导农民多用有机肥。对首批100个有机肥替代化肥试点县，系统总结技术规程、推广模式、运行机制，加快形成可复制、可推广的组织方式和技术模式，推进有机肥替代化肥在更大范围实施。

三、持续探索实行耕地轮作休耕制度试点

2019年，农业农村部、财政部印发《关于做好2019年耕地轮作休耕制度试点工作的通知》，提出实施耕地轮作休耕制度试点面积3 000万亩。其中，轮作试点面积2 500万亩，主要在东北冷凉区、北方农牧交错区、黄淮海地区和长江流域的大豆产区、花生产区、油菜产区实施；休耕试点面积500万亩，主要在地下水超采区、重金属污染区、西南石漠化区、西北生态严重退

化地区实施。中央财政对耕地轮作休耕制度试点给予适当补助。河北省、湖南省休耕试点所需资金结合中央财政地下水超采区综合治理和重金属污染耕地综合治理补助资金统筹安排。

在试点过程中，进一步调整优化试点区域，将东北地区已实施3年到期的轮作试点面积退出，重点支持长江流域水稻和油菜、黄淮海地区玉米和大豆轮作试点，适当增加黑龙江地下水超采区井灌稻休耕试点面积，并与三江平原灌区田间配套工程相结合，推进以地表水置换地下水。鼓励试点省探索生态修复型、地力提升型、供求调节型等轮作休耕模式，丰富绿色种植制度内涵。继续开展试点区耕地质量监测、卫星遥感监测、第三方评估等工作。

2016—2019年，农业农村部等10部委，在东北冷凉区、北方农牧交错区、地下水漏斗区、湖南省长株潭重金属污染区、西南石漠化区和西北生态严重退化地区，探索实行耕地轮作休耕制度试点。结合实施玉米结构调整，东北冷凉区、北方农牧交错区等地按照150元/（年·亩）标准安排补助资金，支持开展轮作试点；河北省黑龙港地下水漏斗区季节性休耕试点补助500元/（年·亩）；湖南省长株潭重金属污染区全年休耕试点补助1 300元/（年·亩）（含治理费用）；贵州省和云南省的两季作物区全年休耕试点补助1 000元/（年·亩）；甘肃省一季作物区全年休耕试点补助800元/（年·亩）。

2016—2019年我国耕地休耕轮作试点规模与投资一览表

年 份	2016年	2017年	2018年	2019年	合计
轮作面积（万亩）	116	1 000	2 600	2 500	6 216
休耕面积（万亩）	500	200	400	500	1 600
总面积（万亩）	616	1 200	3 000	3 000	7 816
覆盖范围	9省（区）	9省（区）	12省（区）	18省（区）	18省（区）

现代生态农业示范基地建设与试验示范

2019年，农业农村部生态总站按照"问题解析-技术创新-模式构建-集成应用"思路，聚焦山东齐河、河南安阳、重庆巴南、陕西延川（梁家河）等地的现代生态农业示范基地，持续开展生态农业技术研发、集成，打造适合在黄淮海地区、西南地区、西北地区推广的生态农业模式。

山东齐河田间生态廊道建设

河南安阳沼渣沼液还田示范

重庆巴南生态农业＋旅游一体化示范

陕西延川梁家河果沼畜生态农业示范

5月，中国农业生态环境保护协会、农业农村部生态总站在浙江省宁波市举办第四届现代生态农业研讨会，以建设生态农场、助力乡村振兴为主题，来自全国各地的生态农企和农艺专家通过专家对话、农场交流、消费者沟通、媒体见面、现场观摩等形式，共同探讨生态农业绿色发展相关政策、技术、运行机制、市场环境等内容，同时，举办了"天胜农牧杯"生态农场创新创业竞赛活动。

第四届现代生态农业研讨会

11月，农业农村部科技教育司在江西省新余市召开全国生态循环农业发展经验推介会，李波副司长出席会议并讲话。会议以"发展生态循环农业、助力乡村生态振兴"为主题，集中推介了新余渝水、浙江衢州等地的生态循环农业经验，交流了各地农业绿色发展的好经验、好做法。来自全国各省市生态循环农业相关管理、技术人员和专家代表230余人参加了会议。

全国生态循环农业发展经验推介会

各地立足自身资源特色和优势，围绕解决农业资源环境突出问题，积极推进生态循环农业建设，组织开展试验示范。

广西壮族自治区在宾阳等18个西江水系"一干七支"重点江河沿岸县（区）实施生态农业产业带建设试点工作，按照"产地环境安全、生产过程清洁、产品绿色生态"的农业生产全程生态链要求，着力打造粮食、水果、蔬菜、茶叶等生态产业群的生态农业产业带基地，为全区乃至全国生态农业发展提供示范样板。到2019年，项目试点达到32个，核心基地34个，核心区面积11 805亩，辐射和带动面积50多万亩，每个试点县（区）推广生态循环农业模式及农业清洁生产技术3项以上。创建形成了优质水稻、优质林果、优质蔬菜、优质茶叶、优质食用菌5个现代农业产业集群，实现了生产基地规模化、发展方式绿色化、加工产业集群化、产业发展品牌化、现代要素集聚化，引领带动全区现代农业加速提质增效。

生态农业产业带示范基地

诱虫灯绿色防控技术

北京市在密云、顺义两区的6个生态园区244个温室大棚开展沼液滴灌高效利用技术示范，将沼气池与种植温室相连接，利用10级过滤措施和微泡曝气、自动反冲洗等技术手段实现沼液无堵塞过滤，过滤后的沼液直接输送作物根部，既实现了园区内部资源的循环利用，又减少了农业投入品的使用，同时提高了农产品的品质，有助于提升农产品竞争力。

浙江省印发《关于加快推进高标准示范引领性农田氮磷生态拦截沟渠系统建设的通知》，制定《浙江省氮磷生态拦截沟渠系统管理维护技术要点（试行）》，整省探索建设农田氮磷生态拦截沟渠系统示范点，到2019年底共建成生态沟渠306条，有效控制农业面源污染、改善农田生态和美化田园环境。例如，平湖市活罗浜灌区农田氮磷生态拦截沟渠系统水样监测总磷等指标减排40%左右，水质提高一个等级以上，基本上能达到Ⅲ类水标准；余杭区径山镇前溪畈农田氮磷生态拦截沟渠系统水样监测总氮减排32.7%，总磷减排38.9%。

探索生态循环农业发展模式

2019年，各地围绕农业资源高效利用、农业废弃物处理、生态农业产业发展等领域，积极探索符合当地实际情况和区域特点的生态循环农业发展模式。

一、江西省新余市构建"N2N"区域生态循环农业模式

新余市针对禽畜养殖污染严重、种养结合不紧密等问题，采取"政府引导、企业主导、市场运作"方式，整合产业链上游"N"个规模畜禽养殖企业的粪污资源与下游"N"个种植企业的秸秆等农作物废弃物，通过"农业废弃物无害化处理中心"和"农业有机肥制取中心"2个核心平台，向产业链下游"N"个种植业生产经营组织提供商品有机肥，减少化肥和农药的使用，恢复种植生态系统，形成区域性的绿色生态循环农业模式。

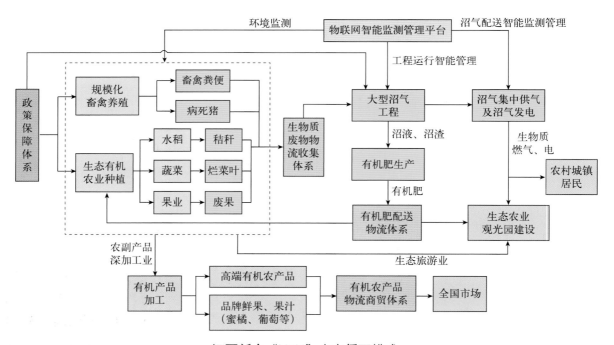

江西新余"N2N"生态循环模式

二、浙江省衢州市打造三级生态循环农业模式

衢州市围绕"种养结合、区域消纳、生态循环",利用种养结合模式、"稻+"共生模式、立体复合农业模式等,推进农作物秸秆、畜禽粪便、农业残膜和农药包装物等废弃物资源化利用;实施化肥减施增效、农药增效控害、产地环境监测等,有效治理农业面源污染;打造全市范围内的物质流、信息流和资金流的三循环,改善农业环境,构建新型的多层次循环农业生态系统,进一步打造县域大循环、区域中循环、主体小循环三级生态循环农业体系。

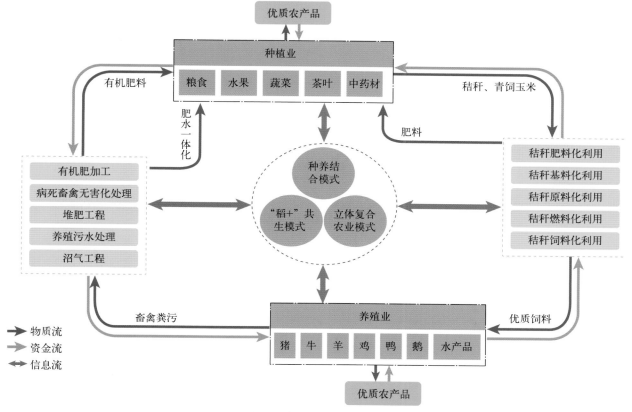

衢州市生态循环农业发展模式图

三、四川省打造以沼气为纽带的循环农业模式

一是以户用沼气为纽带打造庭院经济微循环模式、以家庭养殖户为单元,将畜禽粪污直接运入沼气池,生产的沼气供家庭使用、沼渣沼液用于家庭种植,形成"家庭养殖-户用沼气-家庭种植"农业微循环利用模式。

二是以集中供气沼气工程为纽带打造家庭农场模式,以家庭农场为单元,存栏500头生猪左右、种植面积300亩左右,配套集中供气工程。对养殖场产生的粪污进行无害化和资源化利用,生产沼气为附近农户提供清洁能源,生产的沼渣用于家庭农场种植业基肥,生产的沼液用于农场灌溉,形成"小型养殖场-集中供气沼气工程-种植示范园"农业小循环利用模式。

三是以大型沼气工程为纽带打造产业园区模式。以现代农业产业基地为单元,存栏5 000头生猪以上,配套规模化大型沼气工程。生产沼气主要用于养殖场周边农户供气、养殖场圈舍保暖和发电等,生产沼渣用于商品化有机肥加工,生产沼液用于养殖场周边的产业园区或者异地消纳,形成"大型养殖场-大型沼气工程-产业园

区"农业中循环利用模式。

四是以生物天然气工程为纽带打造一二三产业融合模式。以县为单元，存栏20万头猪的特大型养殖场，建设日产1万立方米规模化生物天然气工程。沼渣用于商品有机肥加工，沼液通过自动喷灌系统喷灌周边农作物，生物天然气进入天然气管网或发电并网，形成"特大型养殖场-生物天然气工程-产业园（工业、服务业）"一二三产业融合大循环利用模式。

四、江苏省推广多种畜禽粪污资源化利用模式

一是"猪-沼-粮"综合利用模式。规模养猪产生的粪污经沼气罐（沼气池）发酵后，沼气用于发电；沼渣生产有机肥，用于粮食作物的施肥；沼液进入污水处理厂处理后，用于粮田的灌溉，或经氧化塘生物处理后利用，实现粪污零排放。

二是奶牛发酵床健康生态养殖模式。在奶牛养殖区建立采食区和休息休闲区。采食区实行地面硬质化，安装刮粪钢缆，使用机械刮粪板，对粪便进行收集处理；休息休闲区铺设垫料，依靠微生物菌种对牛粪尿的分解转化作用，实现牛粪尿的零排放。奶牛粪便干湿分离，干粪渣加菌种混合后回填到奶牛休息休闲区内，解决粪渣处理难题。

三是肉鸭发酵床养殖技术模式。利用发酵剂和垫料制作生物发酵床，在发酵床上饲养肉鸭。发酵剂主要成分为乳酸菌、酵母菌、枯草芽孢杆菌、粪链球菌等，垫料一般选择稻壳、锯末、玉米秸秆、花生壳、树叶等。通过发酵床实现了养殖零排放、无污染、无臭味。

四是肉羊场种养循环利用技术模式。在肉羊场配套自动清粪系统、干湿分离系统、生态消纳系统等相关设施设备。干粪通过自动刮粪系统收集后运至有机肥生产车间，通过调配、搅拌、发酵腐熟后包装出售；污水及羊粪残渣进入污水储存池充分发酵制作液态有机肥，沼渣与干粪一起制成有机肥，用于周边农田种植或出售。

秸秆综合利用

强化秸秆综合利用政策制度创设

一、创设秸秆综合利用补偿制度

2019年1月，中央农村工作领导小组办公室、农业农村部印发《关于做好2019年农业农村工作的实施意见》，提出建设一批秸秆综合利用整县推进试点，创设区域性补偿制度。农业农村部遴选以水稻生产为主的黑龙江省庆安县和以玉米生产为主的黑龙江省哈尔滨市双城区，就"创设秸秆利用区域性补偿制度"开展试点工作。各试点县按照制度创设思路，盘活现有补贴政策，积极争取资金支持，提高补偿政策的指向性、精准性和实效性，逐步形成了一套激励有效的县域秸秆利用补偿制度政策框架，以及集管理方法、政策措施、技术体系、考核机制于一体的整县推进工作机制，营造了良好的社会舆论氛围，打造了可推广、可复制的样板。试点期间，2个试点县秸秆禁烧全部实现零火点；秸秆还田、离田机械作业能力显著增强。

广西壮族自治区农业农村部门针对秸秆综合利用在生态补偿政策方面缺乏普惠性奖补措施的制约，探索建立秸秆综合利用与稻谷目标价格补贴、耕地地力保护补贴挂钩的"补奖罚"机制，从自治区、市、县、乡镇4个层面开展秸秆综合利用生态补偿机制试行试点。

二、建立秸秆资源台账制度

1月，农业农村部印发《关于做好农作物秸秆秸秆资源台账建设工作的通知》，提出从2019年开始建立全国秸秆资源台账。台账分为秸秆产生量和秸秆利用量两部分。其中，秸秆产生量主要调查早稻、中稻、一季晚稻、双季晚稻、小麦、玉米、马铃薯、甘薯、木薯、花生、油菜、大豆、棉花、甘蔗等农作物，也包括其他在本区域种植面积较大的农作物（不包括蔬菜）；秸秆利用量主要调查不同种类农作物秸秆的肥料化、饲料化、燃料化、基料化和原料化利用数量。秸秆产生量指标包括草谷比、理论资源量、收集系数、可收集资源量；秸秆利用量指标包括直接还田量、农户分散利用量和市场化主体利用量。各地要按照属地原则开展台账建设，自上而下提出要求，自下而上收集采集数据。秸秆资源台账记录当年1月1日至12月31日的秸秆原料收购、加工转化情况。

根据农业农村部通知要求，全国开展了农作物秸秆资源台账建设工作，完成了2018年度国家、省、市、县4级秸秆资源台账建设，探索建立了科学规范的调查方法。《通知》以13类主要农作物秸秆为调查对象，与国家统计部门统计口径相衔接；明确了"五料化"利用分类范畴；建立了秸秆产生量和利用量的监测和调查方法；推动各省以县为单元，采集2018年秸秆资源台账数据；开发了简便快捷的信息平台；依托农业农村部信息化工程建设项目，建设了秸秆台账数据线上填报系统，开发了移动终端填报、关键指标自动计算、数据关系自动审核、数据快速导入导出、汇总简报快速生成等多种功能，为基层工作人员减轻负担；开展了技术培训指导，举办了1次省级秸秆资源台账建设培训班，并组织专家队伍开展县级台账建设技术指导，帮助地方技术人员掌握操作要点，全年培训省级台账工作人员60余人、县级工作人员2 000余人；开展了数据抽样复核，组织专家队伍抽取了19个省26个县的71个市场化利用主体和484户农户，进行台账实地复核，数据准确率达到95%以上。

浙江省根据主要农事季节，要求各地分别在春花作物、早稻、晚稻收获后和次年4月底前分别上报一次农作物秸秆产生量台账、利用量台账数据。同时，建立省、市、县3级台账，按时完成2018年度和2019年度省级、11个市、86个县（市、区）秸秆产生量台账、秸秆利用量台账的统计和调查工作。在此基础上积极推进秸秆数据共享平台建设，准确掌握农作物秸秆产生与利用情况，并聘请第三方组织开展秸秆台账数据质量抽样复核工作，确保各地上报数据的真实性和准确性。

全面推进秸秆综合利用试点工作

4月，农业农村部办公厅印发《关于全面做好秸秆综合利用工作的通知》，提出以完善利用制度、出台扶持政策、强化保障措施为推进手段，激发秸秆还田、离田、加工利用等环节市场主体活力，建立健全政府、企业与农民三方共赢的利益链接机制，推动形成布局合理、多元利用的产业化发展格局，要求各地编制年度实施方案、建立资源台账、强化整县推进、培育市场主体、加强科技支撑，不断提高秸秆综合利用水平。

2019年，农业农村部在全国全面铺开整县推进的秸秆综合利用试点建设项目，中央财政安排资金19.5亿元。2017—2019年，中央财政累计安排资金59.5亿元（含东北地区秸秆处理行动），建设474个秸秆综合利用重点县。农业农村部生态总站指导江西、甘肃、西藏、新疆、湖南等省份开展整县推进的技术培训，加强秸秆综合利用重点县建设；制定严格的绩效考核办法，助推各地不断加大资金投入力度，带动地方出台了一系列秸秆利用优惠政策，推动全国秸秆综合利用率达到85.5%，较2015年提升了5.4个百分点，提前完成了2020年确定的目标任务。

6月，农业农村部在河南省兰考县举办全国秸秆综合利用现场观摩活动，农业农村部科技教育司李波副司长参加活动并讲话，河南省、江苏省和黑龙江省结合区域特色交流了各自的经验做法，与会代表讨论了秸秆综合利用目前的推介情况和政策情况，来自全国31个省（直辖市、自治区）的农业农村部门有关负责同志及相关专家参加活动。

全国秸秆综合利用观摩活动及现场

12月，农业农村部科技教育司、农业农村部生态总站在辽宁省沈阳市联合举办全国秸秆综合利用经验交流活动。农业农村部科技教育司李波副司长、农业农村部生态总站吴晓春副站长出席会议并讲话。会议强调，在一段时期内，推进秸秆综合利用工作，要继续以肥料化、饲料化、燃料化利用为主攻方向，以完善利用制度、出台扶持政策、强化保障措施为推进手段；确保到2020年，全国秸秆综合利用率稳定在85%以上，东北地区秸秆综合利用率稳定在80%以上；力争在"十四五"期间，在全国建立完善的秸秆收储运用体系，形成布局合理、多元利用的产业化格局。会议要求，各地在工作方向上着力深化6项任务，找准切入点，深入推进补偿制度创设；找准发力点，深入推进秸秆全量利用；找准突破点，深入推进关键技术集成；找准支撑点，深入推进秸秆台账建设；找准关注点，深入推进典型模式宣传；找准结合点，深入推进北方地区秸秆燃料清洁供暖。来自全国各省（市、自治区）农业农村部门负责秸秆综合利用的同志和有关专家等100余人参加了此次活动。参会代表实地参观了辽宁省秸秆打捆直燃技术模式。黑龙江省、吉林省、新疆维吾尔自治区等10个省份结合各自区域特色进行了交流发言。

全国秸秆综合利用经验交流活动在辽宁沈阳召开

广西壮族自治区深入推进秸秆综合利用试验示范工作，以政策制度创新、模式技术创新和收储运体系创新为抓手，有效推动全自治区秸秆综合利用工作开展。2019年，广西壮族自治区秸秆综合利用率达到84%以上，比2018年提高3个百分点；形成了肥料化为主、饲料化和基料化为辅的"一主两辅"格局，肥料化、饲料化和基料化利用率约为79.2%；突出"广西特色"，因地、因业、因需创新秸秆综合利用模式，形成了甘蔗尾梢饲料化利用、食用菌基料化利用、秸秆收储置换、秸秆种养循环利用等系列模式；创新秸秆收储运体系建设，服务"产业发展"，大力推进牛羊养殖业发展，按照服务畜禽产业发展创新秸秆收储运体系建设。

秸秆收储点建到镇上

回收甘蔗尾叶进行粉碎加工

秸秆置换有机肥试点

秸秆生产的饲料用于养牛

浙江省围绕秸秆"全量、全域、全程、科学综合利用",以提高秸秆综合利用率为主线,以提高秸秆离田利用能力为手段,以农业绿色发展先行县创建为载体,组织实施县域秸秆全量化利用项目。要求试点县制定《县域秸秆全量化利用规划》,建立农作物秸秆台账制度,开展秸秆离田利用项目和配套的收储运体系建设,建立完善县域秸秆综合利用长效机制,形成可复制、可推广的县域秸秆全量化利用典型模式。2019年,浙江省组织平湖、安吉和衢江3个县进行首批创建,共安排中央资金2 100万元(每县安排700万元)。

湖南省浏阳市结合地方特色产业,探索秸秆多样化利用。将离田移除的农作物秸秆用于烟花底座的生产,使其变成工业产品,为烟花底座企业降低15% ~ 25%原料成本。全市23家压模企业每月废纸需求量达4 000多吨,改用加工好的秸秆纤维,直接降低了压模企业废纸的成本,也促进秸秆资源的有效利用。技术模式简单,具备可推广及可复制性。

农业应对气候变化

开展国际履约与谈判

2019年，农业农村部生态总站围绕生物多样性保护先后组织参与了一系列国际合作交流活动。8月，农业农村部派员参加在肯尼亚首都内罗毕召开的"《生物多样性公约》'2020后全球生物多样性框架'不限名额工作组第一次会议"，向会议牵头单位提交了农业农村部关于生物多样性保护的工作要点；并就我国外来入侵物种防控、农业生态环境保护、农业生物多样性主流化等热点话题，向我方团组代表建言献策。经过谈判，大会通过了《会议报告草案》和《工作组第一次会议的结论》；此外，还积极参加中俄总理定期会晤委员会环保合作分委会第十四次会议、OEWG1会议（肯尼亚）、生物多样性主流化国际研讨会、2019全球植物保护战略（GSPC）国际研讨会等多项重大国际生物多样性合作交流、谈判履约工作。

中俄总理定期会晤委员会环保合作分委会
第十四次会议

《联合国气候变化框架公约》谈判现场

12月，农业农村部继续组织人员参加《联合国气候变化框架公约》谈判会议，参与克罗尼维亚农业联合工作议题谈判磋商，推进农业议题谈判进程，为推动气候变化领域的国际公约履约贡献力量。

应对气候变化系列活动

3月，农业农村部生态总站在云南省大理市举办农业绿色发展与农村清洁能源建设培训班，吴晓春副站长参加开班式并讲话。培训班围绕农村能效提升与能源转型发展、气候智慧型农业国际经验与中国实践、英国生物多样性保护与农田景观建设等内容开展，邀请英格兰自然署、英国农业发展与咨询服务中心等的相关专家授课，分享英国农业和农村绿色发展经验，更新知识储备，扩展国际视野。来自全国农业资源环保和农村能源建设体系的300多人参加了培训。

英国专家介绍英国的物种保护政策

学员们认真聆听英国专家讲课

4月，农业农村部生态总站吴晓春副站长带队一行5人赴德国、奥地利对可再生能源利用技术与模式进行交流，代表团分别与德国可再生燃料协会、德国沼气协会、德国生物质研究中心、柏林BEB生物质能有限公司和奥地利自然资源与生命科学大学就生物质能利用的关键环节、先进技术、发展理念、经验做法等进行了深入交流，并实地考察了德国种养循环大型沼气工程、序批式厌氧干发酵沼气工程等。

调研德国沼气工程

5月，农业农村部生态总站在北京举办"中英农业绿色发展论坛 北京世园会2019"。中英两国10余家相关单位的代表围绕生物多样性保护、农业污染防治、农业应对气候变化的生态补偿机制进行了交流研讨，并签署了中英农业绿色发展世园倡议书。

访问奥地利自然资源与生命科学大学

中英农业绿色发展论坛 北京世园会2019

11月，农业农村部生态总站和英国驻华大使馆在北京联合举办中英生态农场建设研讨会，高尚宾副站长参加了会议。来自英格兰创新署、诺丁汉大学、N8大学联盟、中国农业大学等的专家就中英生态农场建设及下一步合作进行深入交流，达成了初步合作意向，为实现中英生态农场联合共建的目标打下了良好的基础。

与德国可再生燃料协会会谈

与德国生物质研究中心专家会谈

参加中英生态农场建设研讨会的代表们

10月29日至11月11日，农业农村部生态总站组织行业体系内的技术人员赴加拿大开展"环境友好型农业综合利用技术培训"。培训围绕乡村人居环境整治、生态农业、生物多样性、生态流域面源污染与废弃物资源化利用等内容开展，采取室内授课、现场考察和交流互动等培训形式，来自国内农业资源环境和农村能源领域的19名学员参加了培训。

在圭尔夫大学学习安大略省农村废水处理政策

在英属哥伦比亚大学学习农业废弃物综合利用技术

此外，农业农村部还组织人员赴日本进行农村厕所改造经验交流；赴法国参加"生物多样性和生态系统服务政府间科学政策平台第七次会议"；赴德国参加"中德农业中心指导委员会第四次会议"；赴加拿大参加"ISO/TC 255第六次会议"；赴美国、加拿大参加肉牛生态产业链构建技术与政策交流；赴英国、荷兰参加农田养分管理与农业面源污染控制技术与政策交流；赴意大利参加欧洲气候智慧型农业技术交流。

应对气候变化国际项目

一、气候智慧型主要粮食作物生产项目

2019年，该项目组组织开展了保护性农业试验、水肥一体化示范和生态拦截、农田林网建设等技术示范活动，实施了10万余亩的化肥、农药减量施用，3 600亩气候适应性种植技术示范、4.2万余亩机械化秸秆还田技术示范应用，节水节能、水体净化、增产增收效果显著。11月，中央电视台新闻频道专题报道了该项目在作物生产应对气候变化领域所取得的成功经验。

自2014年9月项目启动实施以来，项目组在项目区通过开展固碳减排技术示范、新技术与新模式筛选试验示范和农民参与式培训等活动，累计固碳减排9.54万吨CO_2当量，其中2019年固碳减排2.02万吨CO_2当量。

中央电视台新闻频道宣传项目成果

二、面向可持续发展的中国农业生态系统创新性转型项目

2019年6月，农业农村部生态总站和联合国粮农组织、世界银行共同申报的"面向可持续发展的中国农业生态系统创新性转型"项目概念在GEF第56次理事会上获得批准，进入项目准备金阶段。该项目是全球"粮食系统、土地使用和恢复系统性影响项目"的18个子项目之一，旨在通过农业生态系统综合管理和农产品价值链延伸，构建生态补偿激励机制和利益相关方伙伴关系，实现生物多样性保护、土地修复、气候变化应对的协调发展，促进中国农业生态系统创新性

转型与乡村振兴，为联合国可持续发展目标提供模式和经验。

面向可持续发展的中国农业生态系统
创新性转型项目文本编制启动会

面向可持续发展的中国农业生态系统
创新性转型项目基线调研座谈会

三、中国零碳村镇促进项目

2019年11月，农业农村部生态总站和联合国开发计划署共同申报的"中国零碳村镇促进项目"项目概念获GEF秘书处批准，总预算1 000万美元。该项目以我国农村地区可再生能源资源综合开发利用为基础，采用先进的节能和储能技术，并引入能源综合管理模式，探索建立农村"净零碳"绿色发展示范模式，推动我国农村能源行业转型，助力乡村"生态宜居"建设，促进中国国家自主减排目标实现，为实现全球气候变化减缓、联合国可持续发展目标做贡献。

生态总站与国家发改委共同谋划
中国零碳村镇促进项目

四、中国农村健康饮水与水资源环境保护项目

2019年，该项目在河北省尚义县、阳原县新建了223台健康水站，累计建设健康水站400余；在山东省青岛市组织开展安全饮水知识和乡村环境整治等方面的培训，80多人次参加培训；11月，组织参加第十七届中国国际农交会，对项目实施成果进行了宣传。

中国农村健康饮水与水资源环境保护项目是联合国开发计划署管理的赠款项目，目标是提高农村社区居民健康饮水和水资源保护意识，优化项目区农村饮水水质和饮水条件，推动安全饮水工作在农村地区的有效推广，探索农村地区安全饮水可持续发展机制，从而改善农民生活质量，提升农村生活幸福指数。

在河北省尚义县建设的净水站

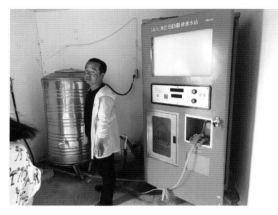

水站管理员检查水站运行情况

在吉林召开绿色肉牛产业链评价方法评审会

五、中国特色肉牛绿色产业链优化与示范项目

2019年，该项目组组织制订了肉牛产业链评价方法。7月，项目组在吉林省长春市召开了绿色肉牛产业链评价方法评审会，与会专家对评价方法进行研讨审议并提出完善建议。会后，项目组委托3个示范企业对评价方法进行了验证，为推动形成企业标准、促进国内肉牛规范化养殖提供指导。

该项目由农业农村部生态总站与联合国开发计划署共同实施，通过对现有肉牛绿色发展模式和技术研究成果的调查与梳理，选择典型区域进行案例实践，优化区域"现代高效肉牛绿色产业链"，强化产业发展与环境友好协同，突出产业带动效果，加强绿色消费与产品生态价值，促进生态与经济的协同发展，打造中国肉牛产业可持续发展新样板。

六、全球环境基金六期项目

该项目组将全球环境基金六期（GEF-6）"中国农业可持续发展伙伴关系规划项目"的各子项目文本进一步完善并提请GEF秘书处审批，已陆续获得GEF的批准。GEF-6期项目包括"气候智慧型草地生态系统管理子项目""减少外来入侵物种对中国具有全球重要意义的农业生物多样性和农业生态系统威胁的综合防控体系建设项目""中国起源作物基因多样性的农场保护与可持续利用子项目"。项目实施部门分别为世界银行、联合国开发计划署和联合国粮农组织，赠款金额分别为377万美元、289万美元和272万美元。项目的实施将推动中国农作物传统品种资源的保护和地方特色产业的发展及农业生物多样性的保护，从而支撑联合国《2030年可持续发展议程》和我国《全国农业可持续发展规划（2015—2030年）》，对实现全球可持续发展和环境效益具有重要意义。

世界银行与财政部签订项目赠款协议

图书在版编目（CIP）数据

2020农业资源环境保护与农村能源发展报告 / 农业农村部农业生态与资源保护总站编. —北京：中国农业出版社，2021.4

ISBN 978-7-109-28135-6

Ⅰ.①2… Ⅱ.①农… Ⅲ.①农业环境保护—研究报告—中国—2020②农村能源—研究—中国—2020 Ⅳ.①X322.2②F323.214

中国版本图书馆CIP数据核字（2021）第065995号

2020农业资源环境保护与农村能源发展报告

2020 NONGYE ZIYUAN HUANJING BAOHU YU NONGCUN NENGYUAN FAZHAN BAOGAO

中国农业出版社出版

地址：北京市朝阳区麦子店街18号楼

邮编：100125

责任编辑：刘 伟 胡烨芳

责任校对：刘丽香

印刷：北京通州皇家印刷厂

版次：2021年4月第1版

印次：2021年4月北京第1次印刷

发行：新华书店北京发行所

开本：889mm×1194mm 1/16

印张：7

字数：207

定价：126.00元